煤炭行业特有工种职业技能鉴定培训教材

矿 井 泵 工

（初级、中级、高级）

·修 订 本·

煤炭工业职业技能鉴定指导中心　组织编写

U0275184

煤炭工业出版社

·北　京·

内 容 提 要

本书主要介绍了初级、中级、高级矿井泵工职业技能考核鉴定的知识要求和技能要求。内容包括电工基础、钳工基础、机械基础、液压传动、水泵操作、水泵保养、水泵维修等知识。

本书是矿井泵工职业技能考核鉴定前的培训和自学教材，也可作为各级各类技术学校相关专业师生的参考用书。

本书编审人员

主编　裴立瑞　倪长敏

编写　苗天佩　洪　涛　李士银　周　辉

主审　高志华　李正军

审稿　王彩虹　崔志刚　杨焕平

前　　言

　　为了进一步提高煤炭行业职工队伍素质，加快煤炭行业高技能人才队伍建设步伐，实现煤炭行业职业技能鉴定工作的标准化、规范化，促进其健康发展，根据国家的有关规定和要求，煤炭工业职业技能鉴定指导中心组织有关专家、工程技术人员和职业培训教学管理人员编写了这套《煤炭行业特有工种职业技能鉴定培训教材》，作为国家职业技能鉴定考试的推荐用书。

　　本套职业技能鉴定培训教材以相应工种的职业标准为依据，内容上力求体现"以职业活动为导向，以职业技能为核心"的指导思想，突出职业培训特色。在结构上，针对各工种职业活动领域，按照模块化的方式，分初级工、中级工、高级工、技师、高级技师5个等级进行编写。每个工种的培训教材分为两册出版，其中初级工、中级工、高级工为一册，技师、高级技师为一册。

　　本套教材自2005年陆续出版以来，现已出版近50个工种的初级工、中级工、高级工教材和近30个工种的技师、高级技师教材，基本涵盖了煤炭行业的主体工种，满足了煤炭行业高技能人才队伍建设和职业技能鉴定工作的需要。

　　本套教材出版至今已10余年，期间煤炭科技发展迅猛，新技术、新工艺、新设备、新标准、新规范层出不穷，原教材有些内容已显陈旧，已不能满足当前职业技能鉴定工作的需要，特别是我国煤矿安全的根本大法——《煤矿安全规程》（2016年版）已经全面修订并颁布实施，因此我们决定对本套教材进行修订后陆续出版。

　　本次修订不改变原教材的框架结构，只是针对当前已不适用的技术及方法、淘汰的设备，以及与《煤矿安全规程》（2016年版）及新颁布的标准规范不相符的内容进行修改。

　　技能鉴定培训教材的编写组织工作，是一项探索性工作，有相当的难度，加之时间仓促，缺乏经验，不足之处恳请各使用单位和个人提出宝贵意见和建议。

煤炭工业职业技能鉴定指导中心

2016年6月

目　　录

第四部分　中级矿井泵工技能要求

第五部分　高级矿井泵工知识要求

第六部分　高级矿井泵工技能要求

职 业 道 德

一、职业道德基本知识

1. 职业道德的含义

所谓职业道德，就是同人们的职业活动紧密联系的符合职业特点要求的道德准则、道德情操与道德品质的总和，它既是对本职人员在职业活动中行为的要求，同时又是本职业对社会所负的道德责任与义务。职业道德的主要内容包括爱岗敬业、诚实守信、办事公道、服务群众、奉献社会等。

职业道德的含义包括以下 8 个方面：

（1）职业道德是一种职业规范，受社会普遍的认可。

（2）职业道德是长期以来自然形成的。

（3）职业道德没有确定形式，通常体现为观念、习惯、信念等。

（4）职业道德依靠文化、内心信念和习惯，通过员工的自律实现。

（5）职业道德大多没有实质的约束力和强制力。

（6）职业道德的主要内容是对员工义务的要求。

（7）职业道德标准多元化，不同企业可能具有不同的价值观，其职业道德的体现也有所不同。

（8）职业道德承载着企业文化和凝聚力，影响深远。

每个从业人员，不论从事哪种职业，在职业活动中都要遵守职业道德。要理解职业道德需要掌握以下 4 点：

（1）在内容方面，职业道德总是要鲜明地表达职业义务、职业责任以及职业行为上的道德准则。它不是一般地反映社会道德和阶级道德的要求，而是要反映职业、行业以至产业特殊利益的要求；它不是在一般意义上的社会实践基础上形成的，而是在特定的职业实践基础上形成的，因而它往往表现为某一职业特有的道德传统和道德习惯，表现为从事某一职业的人们所特有的道德心理和道德品质。

（2）在表现形式方面，职业道德往往比较具体、灵活、多样。它总是从本职业交流活动的实际出发，采用制度、守则、公约、承诺、誓言、条例，以至标语口号之类的形式。这些灵活的形式既易于从业人员接受和实行，也易于形成一种职业道德习惯。

（3）从调节的范围来看，职业道德一方面用来调节从业人员内部关系，加强职业、行业内部人员的凝聚力；另一方面也用来调节从业人员与其服务对象之间的关系，从而塑造本职业从业人员的形象。

（4）从产生的效果来看，职业道德既能使一定的社会道德原则和规范"职业化"，又能使个人道德品质"成熟化"。职业道德虽然是在特定的职业生活中形成的，但它绝不是离开社会道德而独立存在的道德类型。职业道德始终是在社会道德的制约和影响下存在和发展的；职业道德和社会道德之间的关系，就是一般与特殊、共性与个性之间的关系。任何一种形式的职业道德，都在不同程度上体现着社会道德的要求。同样，社会道德在很大程度上都是通过具体的职业道德形式表现出来的。同时，职业道德主要表现在实际从事一定职业的成年人的意识和行为中，是道德意识和道德行为成熟的阶段。职业道德与各种职业要求和职业生活结合，具有较强的稳定性和连续性，形成比较稳定的职业心理和职业习惯，以至于在很大程度上改变人们在学校生活阶段和少年生活阶段所形成的品行，影响道德主体的道德风貌。

2. 职业道德的特点

职业道德具有以下几方面的特点：

（1）适用范围的有限性。每种职业都担负着一种特定的职业责任和职业义务，各种职业的职业责任和义务各不相同，因而形成了各自特定的职业道德规范。

（2）发展的历史继承性。由于职业具有不断发展和世代延续的特征，不仅其技术世代延续，其管理员工的方法、与服务对象打交道的方法等，也有一定的历史继承性。

（3）表达形式的多样性。由于各种职业道德的要求都较为具体、细致，因此其表达形式多种多样。

（4）兼有纪律规范性。纪律也是一种行为规范，但它是介于法律和道德之间的一种特殊规范。它既要求人们能自觉遵守，又带有一定的强制性。就前者而言，它具有道德色彩；就后者而言，又带有一定的法律色彩。也就是说，一方面遵守纪律是一种美德；另一方面，遵守纪律又带有强制性，具有法令的要求。例如，工人必须执行操作规程和安全规定，军人要有严明的纪律等等。因此，职业道德有时又以制度、章程、条例的形式表达，让从业人员认识到职业道德又具有纪律的规范性。

3. 职业道德的社会作用

职业道德是社会道德体系的重要组成部分，它一方面具有社会道德的一般作用，另一方面又具有自身的特殊作用，具体表现在：

（1）调节职业交往中从业人员内部以及从业人员与服务对象之间的关系。职业道德的基本职能是调节职能。它一方面可以调节从业人员内部的关系，即运用职业道德规范约束职业内部人员的行为，促进职业内部人员的团结与合作。如职业道德规范要求各行各业的从业人员，都要团结、互助、爱岗、敬业，齐心协力地为发展本行业、本职业服务。另一方面，职业道德又可以调节从业人员和服务对象之间的关系。如职业道德规定了制造产品的工人要怎样对用户负责，营销人员怎样对顾客负责，医生怎样对病人负责，教师怎样对学生负责，等等。

（2）有助于维护和提高一个行业和一个企业的信誉。信誉是一个行业、一个企业的形象、信用和声誉，指企业及其产品与服务在社会公众中的信任程度。提高企业的信誉主要靠提高产品的质量和服务质量，因而从业人员职业道德水平的提升是提高产品质量和服务质量的有效保证。若从业人员职业道德水平不高，就很难生产出优质的产品、提供优质的服务。

（3）促进行业和企业的发展。行业、企业的发展有赖于高的经济效益，而高的经济效益源于高的员工素质。员工素质主要包含知识、能力、责任心三个方面，其中责任心是最重要的。而职业道德水平高的从业人员，其责任心是极强的，因此，优良的职业道德能促进行业和企业的发展。

（4）有助于提高全社会的道德水平。职业道德是整个社会道德的重要组成部分。职业道德一方面涉及每个从业者如何对待职业，如何对待工作，同时也是一个从业人员的生活态度、价值观念的表现，具有较强的稳定性和连续性。另一方面，职业道德也是一个职业集体，甚至是一个行业全体人员的行为表现。如果每个行业、每个职业集体都具备优良的职业道德，将会对整个社会道德水平的提升发挥重要作用。

二、职业守则

通常职业道德要求通过在职业活动中的职业守则来体现。广大煤矿职工的职业守则有以下几个方面。

1. 遵守法律法规和煤矿安全生产的有关规定

煤炭生产有它的特殊性，从业人员除了遵守《煤炭法》《安全生产法》《煤矿安全规程》《煤矿安全监察条例》以外，还要遵守煤炭行业制定的专门规章制度。只有遵法守纪，才能确保安全生产。作为一名合格的煤矿职工，应该遵守煤矿的各项规章制度，遵守煤矿劳动纪律，尤其是岗位责任制和操作规程、作业规程，处理好安全与生产的关系。

2. 爱岗敬业

热爱本职工作是一种职业情感。煤炭是我国当前的主要能源，在国民经济中占举足轻重的地位。作为一名煤矿职工，应该感到责任重大，感到光荣和自豪；应该树立热爱矿山、热爱本职工作的思想，认真工作，培养职业兴趣；干一行、爱一行、专一行，既爱岗又敬业，干好自己的本职工作，为我国的煤矿安全生产多做贡献。

3. 坚持安全生产

煤矿生产是人与自然的斗争，工作环境特殊，作业条件艰苦，情况复杂多变，不安全因素和事故隐患多，稍有疏忽或违章，就可能导致事故发生，轻则影响生产，重则造成矿毁人亡。安全是煤矿工作的重中之重。没有安全，就无从谈起生产。安全是广大煤矿职工的最大福利，只有确保了安全生产，职工的辛勤劳动才能切切实实、真真正正地对其自身生活产生较为积极的意义。作为一名煤矿职工，一定要按章作业，努力抵制"三违"，做到安全生产。

4. 刻苦钻研职业技能

职业技能，也可称为职业能力，是人们进行职业活动、完成职业责任的能力和手段。它包括实际操作能力、业务处理能力、技术能力以及相关的科学理论知识水平等。

经过新中国成立以来几十年的发展，我国的煤炭生产也由原来的手工作业逐步向综合机械化作业转变，建成了许多世界一流的现代化矿井，特别是国有大中型矿井，大都淘汰了原来的生产模式，转变成为现代化矿井，高科技也应用于煤炭生产、安全监控之中。所有这些都要求煤矿职工在工作和学习中刻苦钻研职业技能，提高技术能力，掌握扎实的科学知识，只有这样才能胜任自己的工作。

5. 加强团结协作

一个企业、一个部门的发展离不开协作。团结协作、互助友爱是处理企业团体内部人与人之间，以及协作单位之间关系的道德规范。

6. 文明作业

爱护材料、设备、工具、仪表，保持工作环境整洁有序，文明作业；着装符合井下作业要求。

第一部分

初级矿井泵工知识要求

第一章　相　关　知　识

第一节　钳工基础知识

一、钳工常用量具

钳工常用量具有钢直尺、钢卷尺、卡钳、游标卡尺、千分尺、塞尺、万能角度尺、水平仪等。

二、金属材料

金属材料是制造机器的最主要的材料。通常，在机器制造中所用的金属材料以合金为主，很少使用纯金属，原因是合金比纯金属具有更好的机械性能和工艺性能，且成本一般较低。只有在为了满足某些特殊性能要求时，才使用纯金属。

合金是由两种以上化学元素（其中至少一种是金属并以其为基础）所组成的具有金属特性的物质。最常用的合金，是以铁为基础的铁碳合金，如碳素钢、合金钢、铸铁等。此外，还有以铜或铝为基础的铜合金、铝合金。

用来制造机械零件的金属及合金，应具有优良的机械性能和工艺性能，较好的化学稳定性和一定的物理性能。我们通常所说金属材料的性质，指的就是这几个方面。

（一）机械性能

金属及合金的机械性能就力学性能而言，是指受外力作用时所反映出来的性能。它是衡量金属材料的极其重要的标志。金属及合金的机械性能主要有：弹性、塑性、强度、硬度、冲击韧性和疲劳强度等。

1. 弹性与塑性

金属材料受外力作用时产生变形，外力去掉后能恢复其原来形状的性能，叫做弹性。这种随着外力消失而消失的变形，称为弹性变形。

在外力作用下，金属材料产生永久变形而不致引起破坏的性能，叫做塑性。在外力消失后留下部分不可恢复的变形，叫做塑性变形，衡量金属材料的塑性通常用延伸率 δ 来表示，也可用断面收缩率 ψ 来表示。

δ 或 ψ 愈大，则塑性愈好。良好的塑性是金属材料进行塑性加工的必要条件。

2. 强度

强度是金属材料在外力作用下抵抗变形和断裂的一种性能，也就是抵抗外力而不致失效的能力。按照作用力性质的不同，可分为抗拉强度、抗压强度、抗剪强度和抗扭强度等。在工程上常用来表示金属材料强度的指标有屈服强度 σ_s 和抗拉强度 σ_b。

在机械设计和选择、评定金属材料时，屈服强度 σ_s 和抗拉强度 σ_b 有重要意义，因为机械零件不能在超过屈服强度 σ_s 的条件下工作，否则会引起机件的塑性变形；同样也不能在超过抗拉强度 σ_b 的条件下工作，否则会导致机件的破坏。

3. 硬度

金属材料对于压痕、抓痕、磨蚀或切削的抗力或阻力，叫做硬度。它是材料性能的一个综合物理量。金属材料的硬度可用专用的仪器来试验，常用的有布氏硬度机和洛氏硬度机，其量值分别为布氏硬度 HB 和洛氏硬度 HRC。

由于硬度反映金属材料在局部范围内对塑性变形的抗力，故硬度与强度之间有一定的关系，下列经验数据可供参考：

低碳钢　　　　　　　　　　　　　　　　$\sigma_b = 0.36\ HB$

高碳钢　　　　　　　　　　　　　　　　$\sigma_b = 0.34\ HB$

调质合金钢　　　　　　　　　　　　　　$\sigma_b = 0.325\ HB$

灰铸铁　　　　　　　　　　　　　　　　$\sigma_b = 0.1\ HB$

4. 冲击韧性

有些机器零件和工具在工作时要受到冲击载荷。由于瞬时的外力冲击作用所引起的变形和应力，比静载荷大得多，因此，在设计承受冲击载荷的零件和工具时，必须考虑所用材料的冲击韧性。

金属材料抵抗冲击载荷的能力，叫做冲击韧性。现在常用一次摆锤弯曲冲击试验来测定金属材料的冲击韧性，即把标准试样（见 GB 229—2007）一次击断，就用试样缺口处单位截面积上的冲击功来表示冲击韧性。

冲击韧性值的大小与很多因素有关，不仅受试样形状、表面粗糙度、内部组织等的影响，还与试验时环境温度有关。因此，冲击韧性值一般作为选择材料的参考，不直接用于强度计算。塑性较好的材料，韧性较好。

5. 疲劳强度

机械中许多零件，如曲轴、齿轮等，是在交变载荷作用下工作的。这种受交变应力的零件，发生断裂时的应力，远低于该材料的屈服强度，这种现象叫做疲劳破坏。

当金属材料在无数次重复交变载荷作用下而不致引起断裂的最大应力，叫做疲劳强度。产生疲劳的原因，一般认为材料有夹杂、表面划痕及其他能引起应力集中的缺陷，从而导致微裂纹的产生。这种微裂纹随应力循环次数的增加而逐渐扩展，致使零件不能承受所加载荷而突然破坏。

为了提高零件的疲劳强度，除改善其结构形状，避免应力集中外，还可以采取表面强化的方法，如降低零件表面加工粗糙度、表面喷丸、表面淬火等。

（二）物理性能、化学性能及工艺性能

1. 物理性能

金属及合金的主要物理性能有比重、熔点、热膨胀性、导热性和导电性等。由于机器零件的用途不同，对其物理性能的要求也各不相同。

金属材料的一些物理性能对于热加工工艺有一定的影响。例如高速钢的导热性较差，在锻造时就应该用很低的速度来进行加热，否则会产生裂纹。又如锡基轴承合金、铸铁和

铸钢的熔点各不相同，在铸造时三者的熔炼工艺就有很大的不同。

2. 化学性能

它是金属及合金在室温或高温时抵抗各种化学作用的能力，主要是抵抗活泼介质的化学侵蚀能力，如耐酸性、耐碱性、抗氧化性等。

对于在腐蚀介质中或高温下工作的零件，比在空气中或室温下的腐蚀更为强烈。在设计这类零件时，应特别注意金属材料的化学性能，并采用化学稳定性良好的合金。

3. 工艺性能

工艺性能乃是物理性能、化学性能、机械性能的综合。按工艺方法不同，可分为可锻性、铸造性、可焊性和切削加工性等。

在设计零件和选择工艺方法时，都要考虑金属材料的工艺性能。例如灰口铸铁的铸造性、切削加工性较好，广泛用来制造铸件，但它的可锻性极差，不能进行锻造，可焊性也较差。又如低碳钢的可锻性和可焊性都很好，而高碳钢较差。

三、电气焊

1. 手工电弧焊

（1）电焊工具。电焊工具有电焊机、焊钳和面罩。电焊机向电弧提供电能，常用的是交流弧焊机，又称电焊变压器。焊钳是焊条的夹持工具。面罩用来遮滤电弧光，分为手持式和头戴式两种。

（2）电焊条的选用。焊条的直径一般不超过焊件的厚度。

（3）焊接的接头形式和焊接方式。焊件接头形式有对接接头、T字接头、角接接头、搭接接头4种。焊接方式分为平焊、立焊、横焊、仰焊4种。

（4）焊接方法。先将工件暂时定位，用划擦法或接触法引燃电弧，然后运条焊接。运条包括送进运动、横向摆动、纵向移动。焊接起头时应先将电弧稍拉长进行加热然后再正常焊接，收尾时应在终点做划圆运动，直到铁水填满弧坑，提起焊条拉断电弧。

（5）电焊安全知识。电弧焊作业场所周围应有灭火器；电弧焊作业场所周围不得有易燃易爆物品；电弧焊作业场所与带电体要有 1.5～3 m 的距离；禁止在带电器材上焊接；禁止在具有气体、液体压力的容器上焊接；密封的或盛物性能不明的容器不准焊接；在有5 级风以上的环境中不准焊接；焊接时的局部照明应用 12～36 V 的安全灯；在金属容器内焊接必须有人监护；必须戴好防护面罩；必须穿好工作服，戴好脚盖、手套；在潮湿环境中焊接要穿绝缘鞋；电焊机外壳必须良好接地，焊钳的绝缘手柄必须完好无损。

2. 手工氧炔焊

1）设备及工具

（1）氧气瓶：外表天蓝色，容积40 L，在 15 MPa 压力下可贮存 6 m³ 氧气。

（2）乙炔瓶：外表白色，工作压力为 1.5 MPa，使用时必须用减压器。

（3）减压器：用来减压和稳压，可将氧气压力降为 0.1～0.4 MPa，乙炔压力降至 0.15 MPa 以下。

（4）乙炔发生器：用水和电石反应产生乙炔气体的装置。

（5）回火保险器：回火分为逆火和回烧两种。回烧可能烧毁焊（割）矩、管路甚至引起储气罐爆炸。发生回火的原因是混合气体喷出的速度小于混合气体的燃烧速度。回火保险器的作用，一是把倒流的火焰与乙炔发生器隔离开来，二是在回烧发生后立即切断气源，使倒流的火焰自行熄灭。

（6）焊炬：气焊时用来控制气体混合比、流量及火焰并进行焊接。

（7）割炬：是气割的主要工具，分为预热部分和切割部分。预热部分的功能与焊炬相同，切割部分是在预热火焰的中心喷射切割氧气。切割的原理是利用高速氧气流使预热到燃点的金属氧化并被吹除。

（8）辅助工具有护目镜、点火枪、橡皮管、钢丝刷、锤子、锉刀、钢丝钳、铁丝、皮管夹头、扳手、钢质通针等。

2）材料

材料包括氧气、乙炔、气焊丝和气焊熔剂。氧气分为一级氧和二级氧。乙炔由电石和水反应而生成。气焊丝的化学成分一般与被焊金属相同。气焊熔剂的作用是防止焊缝产生气孔和夹渣。

3）气焊工艺

（1）气焊火焰。气焊火焰有中性焰、碳化焰、氧化焰3种。中性焰中氧气和乙炔的混合比为 $1.1 \sim 1.2$，最高温度为 $3050 \sim 3150$ ℃，适于焊接一般低碳钢及不锈钢、紫铜、铝及铝合金等；碳化焰中氧气和乙炔的混合比小于 1.1，火焰中含有游离碳，有较强的还原作用和一定的渗碳作用，最高温度为 $2700 \sim 3000$ ℃，适于焊接高碳钢、铸铁、硬质合金及高速钢；氧化焰中氧气和乙炔的混合比大于 1.2，最高温度为 $3100 \sim 3300$ ℃，适于焊接黄铜、锰钢、镀锌铁板等。

（2）焊件的接头形式和焊前准备。气焊主要采用对接接头，当钢板厚度大于 5 mm 时必须开坡口。焊接前必须清理焊件和焊丝。

4）气割工艺

（1）气割要求金属在氧气中的燃点低于熔点，纯铁和低碳钢能顺利气割。

（2）气割要求生成氧化物的熔点应低于金属的熔点，而且流动性要好，以便于吹除。

（3）气割要求金属的氧化反应是放热反应。

（4）气割要求金属的导热性不要太高。

目前铸铁、高铬钢、铬镍钢、铜、铝及其合金等均采用等离子切割。

四、攻螺纹和套螺纹

1. 攻螺纹

用丝锥在圆孔内切削出阴螺纹的操作叫攻螺纹。使用的工具是丝锥和丝锥绞杠。底孔直径应比螺纹大径小 $1 \sim 1.05$ 倍螺距，孔口应倒角。攻螺纹时，丝锥应与工件垂直，开始时可稍微施加压力，随后均匀转动绞杠，并经常倒转以利排屑。应按头锥、二锥、三锥顺序攻至标准尺寸。应随时添加切削液，攻钢件时用机油，攻铸铁时用煤油。

2. 套螺纹

用板牙在圆杆或圆管上切削出阳螺纹的操作叫套螺纹。使用的工具是板牙和板牙绞杠。圆杆或圆管外径应比螺纹大径小 0.13 倍螺距，外端应先倒角 $30°$。套螺纹前，先将工件夹牢夹正，使板牙面与圆柱或圆管轴线垂直。旋转板牙绞杠时用力要平衡，并要经常倒转，随时加切削液。

五、矫正、弯曲和铆接

1. 矫正

消除金属板材或型材的不平、不直或翘曲等缺陷的操作叫矫正。条料的矫正使用台虎钳、活络扳手、铁砧和锤子；棒料的矫正用铁砧和锤子，直径较大时使用压力机矫正；板料的矫正，厚板用平台、锤子矫正，薄板用延展法矫正，如木板推压、抽条拍打等；线材用拉伸法矫正；角钢、槽钢用平台、锤子矫正，也可在压力机上矫正。

2. 弯曲

将板材或型材弯成所需的形状和角度的操作叫弯曲。弯直角可在台虎钳上用锤子敲击进行。弯圆弧可先用锤子窄头锤击使工件初步成型后，再在圆模上最后成型。弯管常用弯管器操作。当管子直径较大时，不论采用冷弯还是热弯，均应向弯内灌满、灌实沙子后再进行弯曲加工。

3. 铆接

用铆钉连接两个或两个以上工件的操作叫铆接。铆接设备和工具有铆钉枪、铆接机、锤子、顶模、罩模等。若被铆件总厚度为 $\sum t$，则铆钉直径 d、铆钉杆长度 L 分别为

$$d \approx \sqrt{50 \sum t} - 4$$

$$L \approx 1.1 \sum t + \alpha d$$

式中　　d——铆钉直径，mm；铆钉杆长度，mm；

　　　　t——铆件厚度，mm；

　　　　α——对于半圆头铆钉取 1.4，对于半沉头铆钉取 1.1，对于沉头铆钉取 0.8。

通孔直径在冷铆时近似为 d，热铆时稍大于 d。

六、机械零部件的拆装知识

要熟悉被拆、装机械零、部件的装配图，了解其结构，明确其相互间的连接关系，选择正确、合理的拆、装方法。对于较复杂的设备或零部件，拆卸前应做好标记，做好必要的连接关系和数据记录，以保证装配时能顺利复原。拆卸的顺序一般是由外向内，从上到下，而装配顺序则正好相反。根据不同的连接方式及连接件的尺寸，选择适当种类和规格的拆、装工具，严禁用套筒延长工具手柄长度或用重物敲击手柄，以免损坏工具及机件。需要敲打时，必须垫上木块、铜棒等软质物品，轻轻敲打，并注意受力部位及尽量保持受力平衡。因锈蚀等原因而造成拆卸困难时，或先注入煤油，待几小时后再拆，或事先加入适量机油，或采用温差法等特殊工艺进行拆卸。

第二节　电气基础知识

一、电流表和电压表

1. 电流表

电流表用来测量流过电路的电流的大小。电流表串接在电路中的某个支路，就可以直

接测出该支路的电流。按电流表内部结构的不同，分为直流电流表和交直流两用电流表。

直流电流表只能用于直流电路，在串接直流电流表时，要注意电流表的极性，电流表上的"＋"端接靠近电源正极的一端，电流表上的"－"端接靠近电源负极的一端。

如果用交直流两用电流表来测量电流，不管是直流电路，还是交流电路，只要将电流表串入电路中即可，没有极性的要求。使用电流表时，要特别注意它在电路中的连接方法。只能与负载串联，绝对不能与负载并联，否则将烧坏电流表或其他用电设备。

2. 电压表

用于测量电路中某两点之间的电压。测量时只能将电压表并联在被测的两点上。和电流表一样，也分直流电压表和交直流两用电压表。用直流电压表测量直流电压时，也要注意电压表的极性，"＋""－"端的连接要求和电流表的要求一样。

如果用交直流两用电压表测量直流电压或交流电压，电压表没有极性的要求，接线方法和直流电压表相同。电压表只能并联，如果接成串联，对仪表本身没有危险，但会影响负载的正常工作。

二、接地与接零

（一）接地

1. 接地的种类

低压电网的接地方式有 3 种 5 类，如图 1-1 所示。第一个字母表示低压系统对地关系：T 表示一点直接接地，I 表示所有带电部分与大地绝缘，或经人工中性点接地；第二个字母表示装置的外露可导电部分的对地关系：T 表示与大地有直接的电气连接而与低压系统的任何接地点无关，N 表示与低压系统的接地点有直接的电气连接。第二个字母后面的字母表示中性线与保护线的组合情况：S 表示分开的；C 表示公用的；C-S 表示部分是公共的。

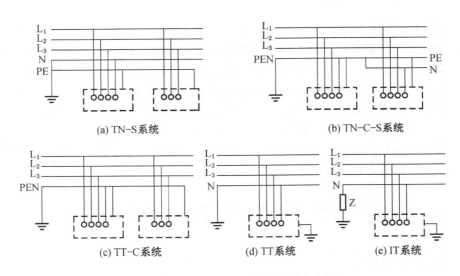

(a) TN-S 系统　　　　　　　　　　(b) TN-C-S 系统

(c) TT-C 系统　　　(d) TT 系统　　　(e) IT 系统

PE—保持接地导线；PEN—中线和保护线公用线

图 1-1　各类低压电网接地系统的接线方式

2. 接地的作用

接地可分为工作接地和保护接地。保护接地的作用主要是为了保护人身安全。

3. 保护接地的安装要求

接地电阻不得大于 4 Ω；应采用专用保护接地插脚的插头；保护接地干线截面应不小于相线截面的 1/2，单独用电设备应不小于 1/3；同一供电系统中采用了保护接地就不能同时采用保护接零；必须有防止中性线及保护接地线受到机械损伤的保护措施；保护接地系统每隔一定时间进行检验以检查其接地状况。

（二）接零

1. 接零的作用

接零的作用也是为了保护人身安全。因为零线阻抗很小，当一相碰壳时，就相当于该相短路，使熔断器或其他自动保护装置动作，从而切断电源达到保护目的。

2. 保护接零的安装要求

保护零线在短路电流作用下不能熔断；采用漏电保护器时应使零线和所有相线同时切断；零线一般取与相线相等的截面；零线应重复接地；架空线路的零线应架设在相线的下层；零线上不能装设断路器、闸刀或熔断器；防止零线与相线接错；多芯导线中规定用黄绿相间的线作保护零线；电气设备投入运行前必须对保护接零进行检验。

三、电气操作的安全步骤

1. 停电

将检修设备停电，必须把各方面的电源完全断开（星形接线设备的中性点，应视为带电设备）。禁止在只经断路器（开关）断开电源的设备上工作，必须拉开隔离开关（刀闸），使各方面至少有一个明显的断开点。与停电设备有关的变压器和电压互感器，必须从高、低压两侧断开，防止向停电检修设备反送电；断开断路器（开关）和隔离开关（刀闸）后，隔离开关（刀闸）操作把手必须锁住。

2. 验电

验电时，必须用电压等级合适而且合格的验电器，在检修设备进出线两侧各相分别验电。高压验电必须戴绝缘手套。验电前，应先在有电设备上进行试验，确证验电器良好。

3. 装设接地线

接地线应用多股软裸铜线，其截面应符合短路电流的要求，但不得小于 25 mm²。接地线在每次装设以前应经过详细检查。损坏的接地线应及时修理或更换。禁止使用不符合规定的导线作接地或短路之用。接地线必须使用专用的线夹固定在导体上，严禁用缠绕的方法进行接地或短路。

4. 悬挂警告牌和装设遮栏

在一经合闸即可送电工作地点的断路器（开关）和隔离开关（刀闸）的操作把手上，应悬挂"禁止合闸，有人工作！"的警示牌。部分停电的工作，安全距离小于规定的未停电设备，应装设临时遮拦。临时遮拦可用干燥木材、橡胶或其他坚韧绝缘材料制成，装设应牢固，并悬挂"止步，高压危险！"的警示牌。

第二章　矿井泵工基础知识

第一节　流体及物理性质

一、流动性

液体和气体统称为流体。流体与固体不同之处在于流体内各质点内聚力极小，易于流动，不能自由地保持固定的形状，只能随着容器的形状而变化，这个特性叫做流动性。

液体与气体的区别在于液体分子间距离较气体小，在压力作用下体积改变很小，气体的分子间距离较大，在压力作用下体积改变较大。

二、密度与重度

流体在单位体积内所具有的质量，叫做流体的密度，其代表符号用 ρ 表示。

$$\rho = \frac{m}{V} \qquad (2-1)$$

式中　ρ——流体的密度，kg/m^3；

$\quad$　V——流体体积，m^3；

$\quad$　m——体积 V 内所具有的流体质量，kg。

实验证明：流体的密度 ρ 与压力 p 和温度有关，但在通常状态下流体是处于大气压力之下，并且随温度的变化不大，所以流体的密度可以看成是不变的。

流体在单位体积内所具有的重力叫做流体的重度，其符号用 γ 表示。

$$\gamma = \frac{G}{V} \qquad (2-2)$$

式中　γ——流体的重度，N/m^3；

$\quad$　G——流体的重力，N；

$\quad$　V——流体体积，m^3。

流体的重度也和密度一样与压力和温度有关，但因其变化很小，所以也可以看成是不变的。重度与密度有下列关系：

$$\gamma = \rho g \qquad (2-3)$$

几种流体的重度和密度见表 2-1。

三、黏性

流体运动时，在其内部产生内摩擦力的性质称为黏性。当流体以某一速度流动时，其

表2-1　几种流体的重度和密度

流 体 名 称	温度/℃	密度/(kg·m⁻³)	重度/(N·m⁻³)
清　水	4	1001	9810
矿井水	15	1051	10300
汽　油	15	700～750	6867～7358
柴　油	15	876	8584
润滑油	15	890～920	8731～9025
液压油	15	863～903	8437～8829
酒　精	15	890～801	7750～7848
水　银	15	13597	133416

内部分子之间存在着吸引力，流体的分子和固体壁面之间有附着力作用。分子间的吸引力和流体分子与壁面的附着力都是抵抗流体运动的阻力，而且是以内摩擦力的形式表现出来，这就是流体黏性的实质。

液体和气体都有黏性，但程度不一样，在相同条件下，液体的黏性比气体大。

第二节　矿井排水设备的组成及分类

一、矿井排水设备的组成

目前，矿井排水设备一般多采用离心式水泵，它主要由离心式水泵、电动机、启动设备、仪表、管路及其附件等组成，如图2-1所示。

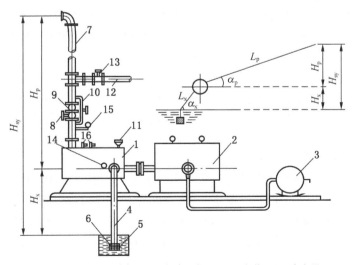

1—离心式水泵；2—电动机；3—启动设备；4—吸水管；5—滤水器；6—底阀；7—排水管；8—调节闸阀；9—逆止阀；10—旁通管；11—灌引水漏斗；12—放水管；13—放水闸阀；14—真空表；15—压力表；16—放气阀

图2-1　离心式排水设备示意图

1. 滤水器和底阀

滤水器又叫滤网，安装在吸水管的下端，插入吸水井水面下不得低于 0.5 m。滤水器的作用是防止吸水井底部沉积的煤泥和杂物吸入泵内，造成水泵被堵塞和被磨损。在滤水器内装有舌形底阀，其作用是使灌入水泵和吸水管中的引水，以及停泵后的存水不致漏掉。

2. 闸阀

调节闸阀安装在靠近水泵排水接管上方的排水管路上，位于逆止阀的下方。其功用为：

（1）调节水泵的流量和扬程。

（2）启动时将它完全关闭，以降低起动电流。调节闸阀的优点是流动阻力和关闭压力较小，安装时无方向性，能够方便地来调节水泵的流量和扬程等。其缺点是密封面容易擦伤，检修较为困难，高度尺寸较大，在安装位置受到限制时，安装不便，结构较复杂，价格较高。

放水闸阀安装在调节闸阀上方的排水管路的放水管上，其作用为检修排水管路时放水。

3. 逆止阀

逆止阀安装在调节闸阀的上方，其作用是当水泵突然停止运转（如突然停电）时，或者在未关闭调节闸阀的情况下停泵时，能自动关闭，切断水流，使水泵不致受到水力冲击而遭到损坏。

4. 灌引水漏斗、放气阀和旁通管

灌引水漏斗是在水泵初次启动时，向水泵和吸水管中灌引水用。在向水泵和吸水管中灌引水时，要通过放气阀（又叫气嘴）将水泵和吸水管中的空气放掉。

当排水管中有存水时，也可通过旁通管向水泵和吸水管中灌引水，此时要将旁通管上的阀门打开。此外，还可通过旁通管，利用排水管中的压力水的反冲作用，冲掉积存于水泵流通部分和附着于滤水器上的杂物，但此时须通过连接在底阀上的铁丝或链条将底阀提起。

5. 压力表和真空表

压力表安装在水泵的排水接管上，用于检测排水管中水压大小。常用的压力表为普通弹簧管压力表。根据其结构特征可分为径向无边、径向带边和轴向带边 3 种。表壳的公称直径有 60 mm、100 mm、150 mm、200 mm 和 250 mm 5 种。压力表所测出的压力叫做表压力或相对压力，它比绝对压力小 1 个标准大气压。

真空表安装在水泵的吸水接管上，为检测吸水管中的真空度用。根据其结构特征也可分为径向无边、径向带边和轴向带边 3 种。表壳的公称直径和压力表一样，也分为60 mm、100 mm、150 mm、200 mm 和 250 mm 5 种。真空表的测量范围为 0 ~ 76000 Pa。

在离心式水泵启动时，要将压力表和真空表表管上的旋塞关闭，以防被压力水冲坏。当水泵起动起来之后达到额定转速时，再将旋塞打开，进行压力和真空度的检测。

二、离心式水泵的分类

从不同角度，水泵的分类有所不同。

（1）按水泵产生的扬程分：

低压泵，扬程低于 25 m；

中压泵，扬程为 25~60 m；

高压泵，扬程高于 60 m。

（2）按水泵级数分：

单级泵，仅有一个叶轮的泵；

多级泵，具有两个以上叶轮的泵。

（3）按泵轴的方向分：

有卧式泵、立式泵两种。立式泵有竖井掘进排水用的吊泵和钻孔式深井泵。

（4）按水泵吸水方向分：

单面吸水，叶轮为单面吸水的泵；

双面吸水，叶轮为双面吸水的泵。

（5）按比转速分：

低比转速水泵，比转速 $n_s = 40~80$；

中比转速水泵，比转速 $n_s = 80~150$；

高比转速水泵，比转速 $n_s = 150~300$。

第三节　离心式水泵的工作原理

一、压水原理

雨天打伞，如果用手转动伞柄，伞上的水就会被甩出去，如图 2-2a 所示。这是由于伞旋转时，伞上的水没有足够大的向心力来维持水作高速圆周运动，水就作离心运动。伞旋转得越快，水点飞出去的也越快。离心式水泵的水轮好像一把伞，其中充满了水，当水泵起动后高速旋转时，由于水轮中的水没有足够大的向心力来维持水作高速圆周运动，水就作离心运动，以很高的速度和压力从水轮的边缘向四周甩出去，汇集在泵体内成为高压水，沿着出水管路升到高处，如图 2-2b 所示。

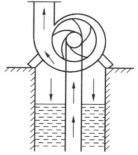

(a) 伞上水作离心运动　　　　(b) 水轮水作离心运动

图 2-2　离心式水泵的工作原理

二、吸水原理

水往低处流，这是一个人人皆知的自然规律。那么水泵为什么能把低处的水吸上来呢？概括地说，离心式水泵之所以能够吸水，就是由于大气压力作用的结果。在密封的灌满引水的泵体内，当水轮高速旋转时，由于水作离心运动冲向水轮的四周，水轮的中心部位即成为一个具有一定真空的低压区（比大气压力低得多），而吸水井水面上却受着大气压力的作用，在大气压力和水泵内部低于大气压力的压力差的作用下，吸水井中的水，经过滤水器，冲开底阀，沿着吸水管进入泵内，如图 2 - 2b 所示。

综上所述，由于水轮不断高速旋转，水作离心运动，以高速高压冲向泵体内，沿排水管排到高处。与此同时，水轮中心部位成为低压区，吸水井中的水便被吸上来。只要水泵的水轮不停地旋转，水就源源不断地被从低处排到高处，这就是离心式水泵的工作原理。

离心式水泵可以把水从低处吸上来，那么它究竟能够把水吸上多高呢？也就是离心式水泵的最大吸水扬程究竟有多大呢？根据实验和理论分析告诉我们：

1 atm(1 个标准大气压) = 760 mm 汞柱 = 10.33 m 水柱 = 101.325 kPa

离心式水泵在工作时，如果水泵内部能够达到绝对真空（即压力为零），那么水泵的最大吸水扬程应当为 10.33 m。但是，离心式水泵进口处不可能达到绝对真空，并且水在流经滤水器、底阀、吸水管和弯头时，要有一定的压力损失，为使水在吸水管中流动还需要有一定的速度水头，因此，离心式水泵的最大吸水扬程永远要小于 10.33 m，一般仅在 4 ~ 8 m 的范围内，所以离心式水泵的几何安装高度（即实际吸水扬程）应限制在 5 ~ 6 m 的范围。

第二部分

初级矿井泵工技能要求

第三章　泵房配备物品及其使用

第一节　泵房配备物品的内容

为了保证水泵的安全经济运行和维修管理，水泵房应配备下列一些必需品。

一、工具

根据水泵的型号、各种管路的规格等，应准备各种规格的扳手、管钳、螺丝钳、螺丝刀、大锤、手锤、扁铲、锉刀、钩子、油桶、油壶及温度计等工具。

二、材料

应储备一定数量的机油、钙基润滑油脂、钠基润滑脂、棉丝、麻、铅油、盘根等。

三、配件

根据泵的型号不同，备有平衡盘、平衡环、平衡盘全部调整垫圈、叶轮、联轴器销子、橡胶垫圈、各种螺栓和螺母垫圈等。

四、安全用具

根据电压等级，配备绝缘手套、绝缘靴、绝缘垫、验电笔，以及灭火器、砂箱、铁锹等消防器材。

第二节　安全防护用具及使用

一、绝缘安全用具

绝缘安全用具分为基本安全用具和辅助安全用具两类。高压设备的基本安全用具包括绝缘杆、绝缘夹钳和高压试笔等；低压设备的基本安全用具包括绝缘手套、装有绝缘柄的工具和低压绝缘台等。高压设备的辅助安全用具包括绝缘手套、绝缘靴、绝缘垫及绝缘台等。低压设备的辅助安全用具包括绝缘台、绝缘垫、绝缘靴、绝缘鞋等。使用绝缘用具前，应进行外观检查，检查安全用具表面有无裂纹、划印、毛刺、孔洞、断裂等外伤，并检查表面是否清洁。使用后应正确保管，其保管方法及要求如下：

（1）应存放在干燥通风的处所。

（2）绝缘杆应悬挂或架在支架上，不应与墙面接触。

（3）绝缘手套应放在密闭的柜内，应与其他工作仪表分别存放。

（4）绝缘靴应放在柜内，不应代替一般雨鞋使用。

（5）试电笔应存放在防潮的匣内，并放在干燥地方。

（6）安全用具不许作其他工具使用。

绝缘安全用具必须按照有关规定进行定期试验，具体内容见表3-1。

表3-1 常用电气绝缘工具试验一览表

名　　称	电压等级/kV	实验周期	交流耐压/kV	时间/min	泄露电流/mA	备　　注
绝缘杆	6~10 35~110 220	1 年	44 三倍线电压 三倍相电压	5		
绝缘夹钳	≤35 110 220	1 年	三倍线电压 260 400	5		
试电笔	6~10 35	6 个月	40 105	5		发光电压不高于 设备额定电压25%
绝缘手套	高压 低压	6 个月	8 2.5	1	≤9 ≤2.5	
绝缘靴	高压	6 个月	15	1	≤7.5	

二、常用消防器材及使用

1. 泡沫灭火器

泡沫灭火器是通过筒体内酸性溶液与碱性溶液混合发生化学反应，将生成的泡沫压出喷嘴，喷射出去进行灭火的。它除了用于扑救一般固体物质火灾外，还能扑救油类等可燃液体火灾，但不能扑救带电设备和醇、酮、酯、醚等有机溶剂的火灾。泡沫灭火器有 MP 型手提式、MPZ 型手提舟车式和 MPT 型推车式 3 种类型。下面以 MP 型手提式为例简单说明其使用方法和注意事项。

MP 型手提式泡沫灭火器主要由筒体、器盖、瓶胆和喷嘴等组成。筒体内装碱性溶液，瓶胆内装酸性溶液，瓶胆用瓶盖盖上，以防酸性溶液蒸发或因震荡溅出而与碱性溶液混合。使用灭火器时，应一手握提环，一手抓底部，把灭火器颠倒过来，轻轻抖动几下，喷出泡沫，进行灭火。

2. 干粉灭火器

干粉灭火器是利用二氧化碳气体或氮气气体作动力，将筒内的干粉喷出灭火的。干粉是一种干燥的、易于流动的微细固体粉末，由能灭火的基料和防潮剂、流动促进剂、结块防止剂等添加剂组成，主要用于扑救石油、有机溶剂等易燃液体，以及可燃气体和电气设备的初起火灾。干粉灭火器按移动方式分为手提式、背负式和推车式 3 种。

使用外装式手提灭火器时，一只手握住喷嘴，另一只手向上提起提环，干粉即可喷出。

使用推车式灭火器时，将其后部向着火源（在室外置于上风方向），先取下喷枪，展开出粉管（切记不可有拧折现象），再提起进气压杆，使二氧化碳进入贮罐，当表压升至0.7～1 MPa 时，放下进气压杆停止进气。这时打开开关，喷出干粉，由近至远扑火。如扑救油类火灾时，不要使干粉气流直接冲击油渍，以免溅起油面使火势蔓延。

使用背负式灭火器时，应站在距火焰边缘 5～6 m 处，右手紧握干粉枪握把，左手扳动转换开关到 3 号位置（喷射顺序为 3－2－1），打开保险机，将喷枪对准火源，扣扳机，干粉即可喷出。如喷完一瓶干粉未能将火扑灭，可将转换开关拨到 2 号或 1 号的位置，连续喷射，直到射完为止。

3. 二氧化碳灭火器

二氧化碳灭火器充装液态二氧化碳，利用液态二氧化碳气化能够降低燃烧区温度，隔绝空气并降低空气中氧含量来进行灭火。主要用于扑救贵重设备、档案资料、仪器仪表、600 V 以下的电气设备及油类初起火灾，不能扑救钾、钠等轻金属火灾。二氧化碳灭火器主要由钢瓶、启闭阀、虹吸管和喷嘴等组成，常用的又分为 MT 型手轮式和 MTZ 型鸭嘴式两种。

使用手轮式灭火器时，应手提提把，翘起喷嘴，打开启闭阀即可。

使用鸭嘴式灭火器时，用右手拔出鸭嘴式开关的保险销，握住喷嘴根部，左手将上鸭嘴往下压，二氧化碳即可从喷嘴喷出。

使用二氧化碳灭火器时，一定要注意安全措施。因为空气中二氧化碳含量达到 8.5% 时，会使人血压升高、呼吸困难，当含量达到 20% 时，人就会呼吸衰弱，严重者可窒息死亡，所以，在狭窄的空间使用后应迅速撤离。同时，要注意勿逆风使用，因为二氧化碳灭火器喷射距离较短，逆风使用可使灭火剂很快被吹散而妨碍灭火。此外，二氧化碳喷出后迅速从周围空气中吸取大量热，使用中要防止冻伤。

4. 1211 灭火器

1211 灭火器是一种甲烷的卤代物，灭火效率高，适用于仪表、电子仪器设备及文物、图书、档案等贵重物品的初起火灾扑救。1211 灭火器按移动方式分为手提式和推车式两种。

手提式 1211 灭火器主要由钢瓶、压把、压杆、密封阀、虹吸管、保险销和喷嘴等组成。使用时，先拔掉保险销，然后握紧压把开关，压杆就将密封件开启，在氮气压力作用下，1211 灭火剂喷出。

推车式 1211 灭火器主要由推车、钢瓶、阀门、喷射胶管、手握开关、伸缩喷杆和喷嘴等组成。使用时，取下喷枪，展开胶管，先打开钢瓶阀门，拉出伸缩喷杆，使喷嘴对准火源，握紧手握开关，将灭火剂喷向火源根部，并向前推进。火扑灭后，只要关闭钢瓶阀门即可，剩下的灭火剂能继续使用。

5. 酸碱灭火器

酸碱灭火器是利用装在筒内的两种药液混合产生一定量的气体，气体产生的压力将水溶液喷出。它主要适用于扑救木材、纺织品、棉麻、纸张、粮草等一般固体物质的初起火灾，不适于扑救油类、电气、轻金属和可燃气体的火灾。

酸碱灭火器主要由筒体、硫酸瓶、瓶夹和喷嘴等组成。硫酸瓶由瓶夹固定，瓶内装的是浓硫酸，瓶口用铅塞塞住，以防浓硫酸吸水稀释或与瓶外的药液混合。筒体内装有碳酸氢钠的水溶液，没有发泡剂。使用灭火器时，颠倒筒体，上下摇晃几次，不能将筒盖或筒底对向人体，以防爆破伤人。在液体喷完前，切记不可旋转筒盖，以免伤人。

第四章　基本操作技能

第一节　离心式水泵的操作

一、离心式水泵启动前的检查与准备工作

（1）清除泵房内一切不需要的东西。

（2）检查电动机的绕组绝缘电阻，并用盘车检查电动机转子转动是否灵活。

（3）检查并装好水泵两端的盘根，盘根压盖受力不可过大，水封环应对准进水孔。

（4）如果是滑动轴承要注入 20 号机械油，要按规定量注入。

（5）检查阀门是否灵活可靠。

（6）电动机空转试验，检查电动机的转动方向。

（7）检查压力表、真空表管上的旋栓是否关闭，指针是否指示零位。

（8）装上并拧紧联轴器的连接螺栓，胶圈间隙不得大于 1 mm。

（9）用手盘车检查水泵与电动机是否自由转动，检查后向水泵和吸水管内注灌引水，灌满后关闭放气阀。

（10）检查接地线是否良好。

二、离心式水泵试运转

关闭闸阀，启动电动机，当电动机达到额定转数时，再逐渐打开闸阀，水泵运转正常的特征及注意事项如下：

（1）电动机运转平稳、均匀，声音正常。

（2）出水管出来的水流量均匀，无间歇现象。

（3）当闸阀开到一定程度时，出水管上的压力表所指示的压力，不应有较大的波动。

（4）滑动轴承的温度不应超过 65 ℃，滚动轴承温度不应超过 75 ℃。

（5）盘根、外壳不应过热，允许有一点微热，出水盘根完好，滴水速率应以 10～20 滴/min 为准。

（6）试运转初期，应经常检查或更换滑动轴承油箱的油，加油量不能大于油盒高度的 2/3，但要保证能够使油环带上油，同时要注意油环转动是否灵活，滚动轴承内润滑脂不要添加得太满，一般为油腔的 1/2～2/3。

（7）水泵停车前，先把闸阀慢慢关闭，然后再停止电动机运转，水泵绝不许空转。

三、离心式水泵的正常启动

（1）若吸水管有底阀，应先打开注水阀向水泵内灌满水，并打开放气阀，直到放气阀不冒气而完全冒水为止，再关闭注水阀及放气阀。如果采用喷射泵无底阀排水时，打开给水阀门，注意观察真空表的指示，直至喷射流中没有气泡为止，再关闭阀门。

（2）关闭水泵排水管上的闸阀，使水泵在轻负荷下启动。一些大型高压的水泵，为了避免启动后打不开闸阀，闸阀应保留一定的开度。

（3）启动电动机，应根据电动机启动设备的不同，分别采用不同启动步骤。

（4）操作高压电气设备主回路时，操作人员必须戴绝缘手套，并穿电工绝缘靴或站在绝缘台上；操作千伏级电气设备主回路时更得注意防护用品的佩戴和正确操作规范。

（5）控制水泵电动机的开关柜如果设在变电所内，启动前应按电铃通知变电所合上电源开关。

（6）待电动机转速达到正常状态时，慢慢将水泵排水管上的闸阀全部打开，同时注意观察真空表、压力表、电流表的指示是否正常，若一切正常表明启动完毕；若根据仪表指示判断水泵没有上水，应停止电动机运行，查明原因后再重新启动。

四、离心式水泵运行中的注意事项

（1）经常注意电压、电流的变化，当电流、电压超过或低于额定值规定界限时，应停车检查原因，待处理后并达到正常时才重新开机运行。

（2）认真检查各部轴承温度，滑动轴承不得超过65 ℃，滚动轴承不得超过75 ℃，电动机温度不得超过铭牌规定值，检查轴承润滑情况，油量是否合适、油环转动是否灵活。

（3）检查各部螺栓及其防松装置是否完好齐全和有无松动现象。

（4）注意水泵各部音响及振动情况，有无由于汽蚀现象而产生的噪声。

（5）检查盘根密封情况，盘根箱温度是否正常，平衡装置放水管水量的变化情况。

（6）经常观察压力表、真空表的指示变化情况，吸水井水位变化情况，检查底阀或笼头埋入水面的深度，水泵不得在泵内无水情况下运行，不得在汽蚀情况下运行，不得在闸阀闭死情况下长期运行。

（7）按时填写运行记录。

五、离心式水泵的停车

（1）慢慢关闭闸阀。

（2）按停车按钮，停止电动机运行。

（3）正压排水时，应关闭进水管上的阀门。

（4）将电动机及启动设备的手轮、手柄恢复到停车位置。

（5）长时期停运应放掉泵内存水（当冬季有冻冰危险时），每隔一定时期应将电动机空转，以防受潮，空转前应将联轴器分开，使电动机单独运转。

（6）当电源切断以后，要注意观察水泵转子继续惰走的时间，即达到完全停止转动的时间，如发现惰走时间较正常情况缩短，表明转子受到的阻力增加了，应查明原因。

第二节　离心式水泵的维护及保养

一、日常维护和检查

对水泵的维护保养工作，根据实践经验，要做到"勤、查、听、看"。勤即勤看、勤听、勤摸、勤修、勤联系；查包括查各部螺栓的松紧情况，查油质、油量，查各轴承、电机温升情况，查安全设施和电气设备，查闸阀、止回阀的好坏；听包括听取上班的交接情况，听取别人的反映，听机器运转的声音；看包括看水位的高低，看仪表，看油圈等。具体的维护保养阐述如下：

（1）泵工除按操作规程进行操作外，每班要对水泵检查数次，并要将检查情况认真填入交接班记录中。检查时要注意真空表、压力表、电流表及电压表是否正常或稳定，轴承温度是否正常，机体有无异常音响及振动，调整盘根松紧程度，必要时更换盘根，注意管路是否漏水漏气，根据平衡装置回水情况及轴的窜动程度，检查平衡装置工作是否正常，检查吸水管、水龙头是否被堵塞，检查电动机温度是否正常。

（2）泵工要具备维护技术水平，对检查出问题要及时处理，检查情况及处理结果要记入专门的记录内。

（3）修理性检查由专业检修人员按照检修周期认真检查，以确定水泵继续工作的可能性或修理的必要性。

（4）经常保持水泵及水泵房清洁，及时处理杂物，保持水泵、电机、电气设备清洁，无油垢、无灰尘。对停开的水泵、电机要做好维护保养工作，保持设备的完好，随时都可以投入使用。

（5）水泵必须保持良好的润滑状态，油质要符合要求，油量适宜。水泵若采用滑动轴承时，一般采用 20 号机械油，每周应加油 1 次，保持一定的油位；若采用滚动轴承，则用黄油杯加油，应每班拧紧油杯丝扣 1～2 转，每 3～4 个月换油 1 次，一般使用钠基润滑脂。电动机采用钙基润滑脂润滑，一般运转 2000～3000 h 应加油 1 次。润滑油及油脂应用专门容器盛装，不得混装，并保持清洁。

二、点检内容

（1）水位指示是否灵敏、准确，水仓水位应在规定范围之内。

（2）电流表指示正常，压力表指示正常。

（3）电动机温度小于或等于 60 ℃（制造厂另有规定者按规定执行）。

（4）泵盘根滴水为 10～20 滴/min。

（5）泵、电动机运转无异常响声。

（6）操作系统动作可靠。

（7）真空表指示灵敏，真空系统完好。

（8）各润滑点润滑是否良好，油质是否清洁，油位是否符合要求。

（9）各连接螺栓是否松动。

（10）进、出闸阀不漏水、不漏油，无异常声音。

（11）冷却水管给水流畅。

（12）检查各轴瓦、轴承的温度，滑动轴承温度小于或等于 65 ℃，滚动轴承温度小于或等于 75 ℃，电机轴承温度小于或等于 75 ℃。

（13）水泥基础是否有裂纹或脱落现象。

（14）各电器接头、设备保险装置、导线及安全保护装置等，有无变色或异味。

（15）事故信号是否在运行位置上。

三、润滑及要求

（1）经常检查轴承油量是否达到油标位置，油圈是否带油，必须保证足够的润滑。

（2）必须使用规定的润滑油并按规定时间换油。

（3）经常检查油质是否清洁，如油质严重污浊，应考虑提前换油。

（4）注入钙基黄油的轴承，第一次换油应在工作 80 h 后进行，以后每工作 2400 h 或每检查水泵时换油。油量应充满轴承箱容量的 1/2～2/3。

（5）更换油时必须将油污清洗干净。

（6）机油加油量应加至油窗的 2/3，视油标应浸没油中 15 mm，发现缺油时应及时加注。累计运行 1000 h 应清洗轴承并更换新油。

（7）电动机轴承累计运行 2000 h 注油 1 次，每半年清洗 1 次。

第五章　安全文明生产

第一节　泵房防灭火

泵房发生火灾除设备缺陷、安装不当等设计和施工方面的原因外，设备运行中由于电流的热效应而产生危险温度、电火花或电弧，也是引起火灾的重要原因。

一、防火

泵房防火的措施主要有：

（1）选用适当的电气设备及其保护装置，并使其正常运行。

（2）泵房要有良好的通风。

（3）电器设备可靠接地。

（4）泵房内不得存放废弃的油、棉纱、布头、纸、油毡等易燃品。

（5）禁止用火炉或明火直接加热泵房内空气，或用明火烘烤管道。

二、灭火

泵房一旦发生火灾，首先要切断电源，在电源切断之前，只准用不导电的灭火器材灭火。切断电源时应注意以下事项：

（1）火灾发生后，由于受潮或烟熏，开关设备的绝缘性能会降低，因此拉闸时最好用绝缘工具操作。

（2）高压应先操作断路器，而不应先操作隔离开关切断电源；低压应先操作磁力启动器而不应先操作闸刀开关切断电源，以免引来弧光短路。

（3）切断电源时，对三相线路的非同相电线应在不同部位剪断，以免造成短路；剪断空中电线时，剪断位置应选择在电源方向的支持物附近，以防止电线剪断后掉落造成接地短路或触电事故。

（4）切断电源的范围要选择适当，防止断电后影响灭火工作和扩大停电范围。

切断电源后的灭火方法，与一般火灾的灭火方法相同。

第二节　有关规程及标准

一、《煤矿安全规程》对泵房的要求

主要排水设备应符合下列要求：

（1）应当有工作、备用和检修的水泵。工作水泵的能力，应当能在 20 h 内排出矿井 24 h 的正常涌水量（包括充填水及其他用水）。备用水泵的能力，应当不小于工作水泵能力的 70%。检修水泵的能力应不小于工作水泵能力的 25%。工作和备用水泵的总能力，应当能在 20 h 内排出矿井 24 h 的最大涌水量。

（2）应当有工作和备用的水管。工作排水管路的能力，应当能配合工作水泵在 20 h 内排出矿井 24 h 的正常涌水量。工作和备用水管的总能力，应当能配合工作和备用水泵在 20 h 内排出矿井 24 h 的最大涌水量。

（3）配电设备的能力应当与工作、备用以及检修水泵相匹配，能够保证全部水泵同时运转。

（4）主要泵房至少有 2 个出口，一个出口用斜巷通到井筒，并高出泵房底板 7 m 以上；另一个出口通到井底车场，在此出口通路内，应当设置易于关闭的既能防水又能防火的密闭门。泵房和水仓的连接通道，应当设置控制闸门。

（5）排水系统集中控制的主要泵房可不设专人值守，但必须实现图像监控和专人巡检。

（6）主要水仓应当有主仓和副仓，当一个水仓清理时，另一个水仓能够正常使用。新建、改扩建矿井或生产矿井的新水平，正常涌水量在 1000 m³/h 以下时，主要水仓的有效容量应当能容纳 8 h 的正常涌水量。

正常涌水量大于 1000 m³/h 的矿井，主要水仓有效容量可以按照下式计算：

$$V = 2(Q + 3000)$$

式中 V——主要水仓的有效容量，m³；

Q——矿井每小时正常涌水量，m³。

采区水仓的有效容量应当能容纳 4 h 的采区正常涌水量。

水仓进口处应设置箅子。对水砂充填和其他涌水中带有大量杂质的矿井，还应当设置沉淀池。水仓的空仓容量应当经常保持在总容量的 50% 以上。

（7）水泵、水管、闸阀、配电设备和线路，必须经常检查和维护。在每年雨季之前，必须全面检修 1 次，并对全部工作水泵和备用水泵进行 1 次联合排水试验，提交联合排水试验报告。水仓、沉淀池和水沟中的淤泥，应及时清理，每年雨季前必须清理 1 次。

（8）大型、特大型矿井排水系统可以根据井下生产布局及涌水情况分区建设，每个排水分区可以实现独立排水。

（9）井下采区、巷道有突水危险或者可能积水的，应当优先施工安装防、排水系统，并保证有足够的排水能力。

二、主排泵房完好标准

主排水泵房的完好标准见表 5-1。

三、煤矿安全生产标准化对排水系统的要求

1. 矿井及采区主排水系统

（1）排水能力满足矿井、采区安全生产需要。

表 5-1 主排水泵房完好标准

序号	检查项目	完 好 标 准	备 注
1	螺栓、螺母、背帽、垫圈、开口销、护罩、放气阀	齐全、完整、紧固	1. 包括从底阀到逆止阀的管路 2. 放气阀每台泵不少于 1 个
2	泵体与管路	无裂纹，不漏水 泵体和泵房内排水管路防腐良好 吸水管不小于水泵的吸水直径 平衡盘调整合适，轴串量为 1~4 mm（或按厂家规定） 盘根漏水不成线，盘根箱不过热	
3	逆止阀、闸板阀、底阀	齐全、完整、不漏水 闸门操作灵活	底阀以自灌满引水起 5 min 能启动水泵为合格
4	轴承	油圈转动灵活，油质合格，不漏油 滚动轴承温度不超过 75 ℃。滑动轴承温度不超过 65 ℃，轴承最大间隙不超过表 5-2 规定	
5	联轴器	端面间隙比轴的最大串量大 2~3 mm，径向位移不大于 2 mm，端面倾斜不大于 1.0‰，胶圈外径和孔径差不大于 2 mm	螺栓有防脱装置
6	电气与仪表	电动机和开关柜应符合其完好标准 压力表、电压表和电流表齐全、完整、准确	仪表校验期不超过 1 年
7	运转与效率	运转正常，无异常震动 水泵每年量少测定 1 次。排水系统综合效率竖井不低于 45%，斜井不低于 40%	测定记录有效期不超过 1 年
8	整洁与资料	设备与泵房整洁，水井无杂物，工具、备件存放整齐，有运行日志和检查、检修记录	

表 5-2 轴承（颈）最大间隙表　　　　　　　　　　　　　　　mm

序 号	轴 颈	滑 动 轴 承	滚 动 轴 承
1	30~50	0.24	0.20
2	50~80	0.30	0.20
3	80~120	0.35	0.30
4	120~180	0.45	0.30

（2）泵房及出口，水泵、管路及配电、控制设备，水仓蓄水能力等符合《煤矿安全规程》规定。

（3）有可靠的引水装置。

（4）设有高、低水位声光报警装置。

（5）电动机保护装置齐全、可靠。

（6）排水设施、水泵联合试运转、水仓清理等符合《煤矿安全规程》规定。

（7）水泵房安设有与矿调度室直通电话。

（8）各种仪表齐全，及时校准。

（9）使用低耗、先进、可靠的电控装置。

（10）采用集中远程监控，实现无人值守。

第（1）～（7）项不符合要求1处扣1分，其他项不符合要求1处扣0.1分。

2．其他排水地点

（1）排水设备及管路符合规定要求。

（2）设备完好，保护齐全、可靠。

（3）排水能力满足安全生产需要。

（4）使用小型自动排水装置。

第（1）～（3）项不符合要求1处扣0.5分，第（4）项不符合要求扣0.1分。

第三节　泵工岗位制度

一、泵工岗位管理制度

1．一般规定

（1）必须遵守劳动纪律，班前、班中不准喝酒；工作时必须集中精力，不准看书、睡觉、干私活或擅离工作岗位。不准带小孩上班，班后要充分休息。

（2）工作前必须穿戴好个人防护用品，在机器附近工作时，应将衣袖、裤脚扎紧。

（3）工作前必须认真检查机械设备、工具和现场是否安全，工作时必须严格遵守岗位规程和有关规章制度。

（4）实行两班或三班作业的单位必须在现场交接班。班前或班后要参加规定的安全活动。

（5）必须持证上岗，禁止违章、冒险作业，除注意本人的安全外，还要关心周围人员的安全，发生事故时必须竭力抢救。

2．井下作业一般安全规定

（1）凡属下列情况之一者不准下井：

①未经过三级安全教育和有关部门许可者；②饮酒、睡眠不足和精神不正常者；③个人防护用品佩戴不齐全者。

（2）身体如有下列情况之一者不得从事井下作业：

①高血压；②心脏病；③精神失常；④严重贫血；⑤视力严重近视；⑥重病初愈；⑦四肢不灵、耳聋；⑧矽肺病。

（3）凡下井人员必须携带矿灯和自救器。

（4）上下罐（电梯）时必须遵守乘罐（电梯）制度。平巷要走人行道，注意头上、脚下、前后、左右的情况；没有人行道的巷道要注意来往车辆。双轨巷道内列车交会时，禁止人员在两轨道之间停留；拿长金属及导电物件的人，切勿触及电机车架空线。

（5）机械不得通过或跨越下列地点：

①泵井提升间；②未加盖的人行道；③正在运行的列车和机械设备；④有红灯、警示信号、警示牌地点。

（6）严禁向泵井、人行天井、溜井、设备井内扔东西。

（7）已封闭巷道或因危险停工的工作面严禁进入；必须进入时须经有关人员检查，领导批准。

（8）任何人不准损坏井下安全设备、设施和标志；未经主管部门许可，严禁拆卸或更换安全装置及附属设备。非专职人员不得擅自乱动一切机电设备、电缆、电线等。

（9）禁止扒乘电机车、矿车，不得从正在放矿（碴）的漏子前后通过。

（10）非专职人员不得将易燃、易爆物品带入井下。当看到或听到爆破信号时，必须立即躲到安全地点。

（11）井下停电或照明发生故障时，不准擅自行动，应充分利用现有的照明工具或在附近安全地点休息。

（12）禁止在井下明火取暖，禁止大喊大叫（抢救事故例外）和打闹，禁止在人行道上堆放材料、设备、工具等。不准任意乱敲管子，不准打盹、睡觉，休息时应找安全地点。

（13）凡在井下作业人员，必须熟悉本矿井各水平通往地面的安全出口，安全出口要设置路标，并保持畅通无阻。

（14）搞好个人防护，佩戴必要的个人防护物品。

（15）井下偏僻与危险作业地点，严禁单人作业。

3. 泵工岗位责任制

（1）严格遵守劳动纪律，认真执行各项规章制度。

（2）完成本岗位的生产任务和各项生产技术指标。

（3）熟悉和掌握本岗位的设备性能和技术操作。

（4）提供设备缺陷，掌握设备的预修情况，参加检修及检修后的验收工作。

（5）设备发生故障处理不了时，要及时报告有关负责人。

（6）严格交接班，填好原始记录，严守工作岗位，及时排除坑内积水。

（7）开车前必须检查各部件是否良好，并做好设备维护保养，保持完好。

（8）做好治安保卫工作，凡外来人员，要详细登记。

4. 泵工交接班制度

（1）接班者要提前10 min到达工作地点，并于10 min内做好设备检查。检查包括下列项目：

①机电设备温度，运转情况及声响是否正常；②各部注油点油量是否适当；③各部螺丝是否松动；④接头、阀门是否漏水；⑤盘根是否良好。

（2）交班前检查设备，清扫场地和清点整理工具。

（3）交班者应详细地将本班设备运转事故和生产操作向接班者介绍清楚并认真填写好交接班记录。

（4）交班清楚后经接班人同意方能离开岗位。

（5）交班过程中发生的问题由交班者负责。

5. 设备维护保养制度及操作人员的职责

（1）严格执行操作规程，爱护设备，做到设备完好。

①设备基础稳固，结构完整，连接可靠，零部件齐全；②可随时开动，能正常运转，并可达到额定能力；③设备运转良好，无严重渗油、跑风、漏气、漏水等现象；④主要仪器、仪表和安全防护装置齐全，灵敏可靠。

（2）学好技术，掌握设备性能、结构和在生产中的作用，做到会操作、维护，经常检查，发现故障及时排除，保持设备卫生整洁。

（3）设备运转资料要及时、完整、准确填写，记录齐全。

（4）参加设备大、中检修工作。

6. 泵工安全操作规程

（1）泵工必须经常注意水仓水位变化。允许最高水位处，应设有信号装置；停送电，必须穿戴好绝缘护品。

（2）启动前应检查各阀门是否在启动位置，管道连接阀门是否顺序打开（关闭），水泵出水口闸门是否关闭，吸水井水闸门是否打开，引水管是否打开，并注满水。

（3）200 kW 以上水泵启动，应通知变电所。

（4）启动前先检查开关柜电压、指示灯、变阻器手柄和其他信号是否正常，各轴承是否缺油各连接部分是否松动。

（5）启动时，启动柜送电后，待电动机接近正常转速时，送上运转柜，并立即停止启动。

（6）水泵启动后，要检查电压、电流表、压力表读数，电动机及各部轴承和其他信号装置是否正常；打开出水口闸门，注意电动机不能超过负荷工作，并注意各部声音是否正常，如发现异常现象，应停车检查。

（7）停车必须关闭出水口闸门，正常停车应按顺序进行，禁止用推开总盘的方法停车。

7. 泵工岗位规范

（1）严格遵守劳动纪律，坚守工作岗位，认真执行安全技术操作规程。

（2）接班人员必须提前到达现场，严格按照规定的内容进行交接班，并填好交接班日志。

（3）做好设备维护保养，使设备经常保持完好。

（4）经常检查有关防水安全设施，管好工具，搞好室内外清洁卫生。

（5）做好治安保卫工作，泵房内无关人员禁止入内。

8. 矿山职工的权利和义务

（1）矿山职工享有下列权利：

①有权获得作业场所安全与职业危害方面的信息；②有权向有关部门和工会组织反映矿山安全状况和存在的问题；③对任何危害职工安全健康的决定和行为，有权提出批评、检举和控告。

（2）矿山职工应当履行下列义务：

①遵守有关矿山安全的法律、法规和企业规章制度；②维护矿山企业的生产设备、设施；③接受安全教育和培训；④及时报告危险情况，参加抢险救护。

9. 职工培训制度

（1）新进矿山的井下作业职工，接受安全教育、培训的时间不得少于 72 学时，考试合格后，必须在有安全工作经验的职工带领下工作满 4 个月，然后经再次考核合格，方可独立工作。

（2）调整岗位或离开本岗位 1 年以上（含 1 年）重新上岗的人员，应重新培训，经考试合格后，方可上岗作业。

（3）首次采用新工艺、新技术、新设备作业的人员，必须进行专门的安全培训，经考试合格后，方可上岗作业。

（4）矿山企业应对职工认真做好安全生产和劳动保护教育，普及安全知识和安全法规知识，进行技术和业务培训。职工经考试合格方准上岗。对所有生产作业人员，每年接受在职安全教育、培训的时间不少于 20 学时。

（5）职工安全技术培训的内容：

①学习有关安全生产的方针政策、法规和有关的安全规定等；②学习安全技术理论知识，矿井灾害发生规律、预防措施和处理方法；③学习矿井安全基础知识，了解有关的事故发生预兆，学习事故预防和应急措施，学习本工种的操作规程及有关的设备、仪器仪表的操作和排除故障的方法；④学习和掌握井下自救、互救和创伤急救的基本知识。

（6）职工应学习并掌握下列图纸：

①巷道布置图；②采掘工程图；③通风系统图；④安全监测装备布置图；⑤井下通信系统图；⑥地面、井下配电系统图和井下电气设备布置图；⑦井下避灾路线图。

（7）特种作业人员，要害岗位、重要设备与设施的作业人员，都必须经过技术培训和专门安全教育，经考核合格取得操作资格证书后，方准上岗。人员培训、考核、发证和复审，应按有关规定执行。

第三部分

中级矿井泵工知识要求

第六章 相 关 知 识

第一节 一般机械零部件的测绘制图

一、一般机械零部件的测量

1. 测量的基本要求

测量基准选择合理；测量工具选用适当；测量方法选择正确；测量结果准确无误。

2. 常见形状的测量

直线尺寸的测量；内外直径的测量；孔深和壁厚的测量；中心距和中心高的测量；角度的测量；螺距的测量等。

二、三视图的识读及绘制

1. 三视图

正对着物体的前面、上面、左面观察而画出的图形叫三视图，三视图的三个视图分别称为主视图、俯视图、左视图，如图6-1所示。

2. 三视图的识读绘制规则

三视图中，主视图反映了物体左、右之间的长度及上、下之间的高度；俯视图反映了物体左、右之间的长度及前、后之间的宽度；左视图反映了物体上、下之间的高度及前、后之间的宽度，如图6-2所示。由此可得出识图和绘制三视图的规则：主、俯视图长对正；主、左视图高平齐；俯、左视图宽相等。

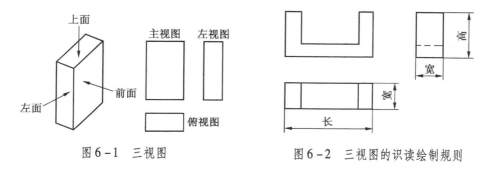

图6-1 三视图   图6-2 三视图的识读绘制规则

在绘制组合体三视图时，一要分清简单形体；二要按简单形体逐个画出视图；三要分清简单形体的六个方位；四要遵守三视图绘制的规则。识读三视图的基本步骤是：看视图，明关系；分部分，想形状；合起来，想整体。

三、一般零件图的绘制

1. 零件图

零件图是直接指导制造和检验零件的图样。一张完整的零件图应包括：一组表达零件形状的图形；一套正确、完整、清晰、合理的尺寸；必要的技术要求；完整的标题栏。

2. 零件图的绘制

首先绘出零件草图；审查校核零件草图，保证其正确、完整、清晰、合理；选择合适的比例、图幅，正规制图。

四、简单装配图的绘制

1. 装配图

装配图是表达机器或部件整体结构形状和零件间装配连接关系的图样。

2. 装配图的绘制

（1）合理选择表达方案，确定主视图，选好其他视图，做到重点突出、相互配合、避免重复。

（2）定比例、选图幅、布图，画出主要零件的大致轮廓。

（3）按部件的结构特点、顺装配干线分别画齐结构。

（4）编号并画好填好明细栏。

第二节　螺纹及螺纹紧固件的画法

一、螺纹的画法

（1）螺纹的牙顶用粗实线表示，牙底由旧国标的虚线改为细实线，在螺杆的倒带或倒圆部分也应画细实线，圈的开口位置不作规定，如图6-3和图6-4所示。

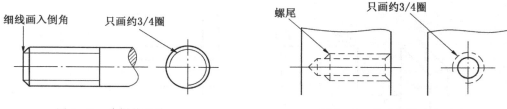

图6-3　外螺纹画法　　　　　　图6-4　不可见螺孔表示法

在垂直于轴线的投影面内，表示螺纹牙底的细实线画成约3/4圈的圆，对于零件上不完整表面的螺纹（如骑缝螺钉孔等），在垂直于轴线的投影面上表示牙底的细实线圆，也应适当地空出一段距离，如图6-5所示。

（2）螺纹终止线与螺尾。螺纹终止线仍用粗实线绘制，但含义已与旧国标不同，它是完整螺纹的终止线，不包括螺尾。当需要表示螺尾时，螺尾部分的牙底用与轴线呈30°的细实线绘制。

（3）内、外螺纹连接画法。新国标螺纹连接部分的画法，如图6-6所示，仅底径改画成细实线，其余画法不变。

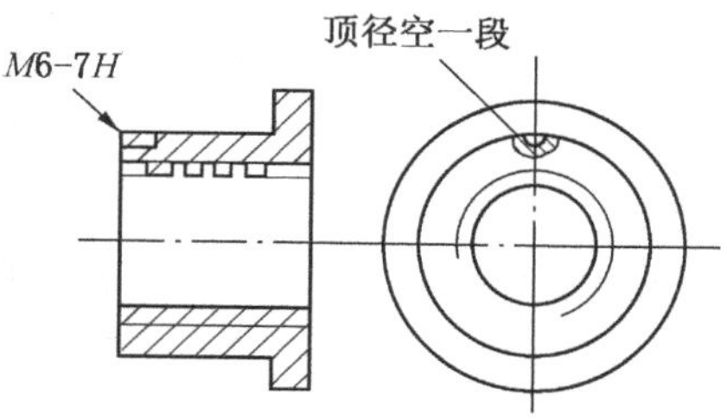

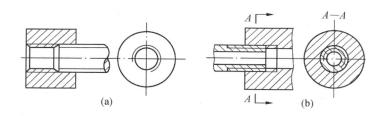

图6-5 内螺纹画法

二、螺栓、螺钉的画法

在装配图中双头螺柱旋入端的螺纹终止线画成与螺孔端面平齐（图6-7a）。在装配图上绘制弹簧垫圈时，为了简便弹簧垫圈上的70°开槽，除了仍按旧国标画成60°的直线段外（图6-7b），新国标又增加了一种画法，即开槽用一条粗实线画出，其粗细约为2 b。如果画出左视图，弹簧垫圈按投影关系，不再画出槽的投影，这一点与螺钉槽画法不一样，如图6-7c所示。

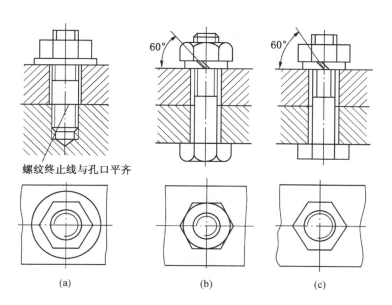

图6-6 螺纹连接的画法

图6-7 螺栓连接的画法

新国标增加了螺钉在装配图中画法的左视图，如图6-8所示。

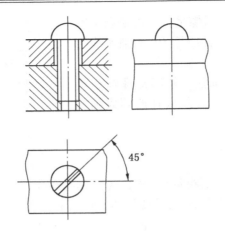

图6-8　螺钉在装配图中的画法

第三节　公差与配合的基本概念

一、零部件的互换性

在机械制造业中，任何机械一般都是由较多的零部件组装而成的。"公差"是用于机械制造成批生产时，要求生产出来的同一种规格的零件或部件，不经挑选和修配就能很快地装配起来，并达到规定的技术要求。这样不仅装配方便迅速、保证机械质量，而且在零件或部件损坏时，也能很快更换。"公差配合"的标准化，有利于机器的设计、制造、使用和维修，直接影响产品的精度、性能和使用寿命。相同零部件能够相互调换，并仍能保持准确的技术特性，称为零部件的互换性。

零部件的互换性，从使用方面看，当它们损坏以后，修理人员很快就可以用同样规格的零件更换、恢复机器设备的功能；从制造方面看，互换性是提高生产水平、生产效率和进行文明生产的有力手段。装配时，不需辅助加工和修配，减轻装配工人的劳动强度，缩短装配周期，实现装配自动化，大大提高生产效率。

二、加工误差和公差

从机器零部件的互换性考虑，具有互换性的零部件最好制造得十分精确，没有误差，但事实上这是不可能的。在生产加工过程中，由于机床、刀具、夹具、量具和操作者的技术水平等存在着差别，因此加工出来的零部件总会有一些误差。这些误差一般可分为尺寸误差、形状误差与位置误差和微观几何形状误差（表面粗糙度）3种，这些误差总称为加工误差。将加工误差控制在一个规定允许的范围内，就能保证零部件的互换性。这个允许加工误差存在的范围，称为公差。

三、常用术语及其定义

术语及其定义是公差与配合标准的基础，为了掌握公差与配合标准及其应用，统一设计、工艺、检验等人员对公差与配合标准的理解，规定了有关的基本概念、术语及定义。

1. 有关形体方面的术语及定义

在公差与配合标准中，孔与轴这两个术语有其特殊意义，它关系到公差标准的应用范围。

（1）孔：主要是指圆柱形内表面，也包括其他内表面中由单一尺寸确定的部分。

（2）轴：主要是指圆柱形外表面，也包括其他外表面中由单一尺寸确定的部分。

除圆柱形的孔、轴外，非圆柱形的内外表面也可视作为孔、轴；键槽的宽度可视作孔，键的宽度可视作轴。从装配关系看，孔是包容面，轴是被包容面。随着加工过程余量的切除，孔的尺寸由小变大，轴的尺寸由大变小。

2. 有关尺寸方面的术语及定义

（1）尺寸：用特定单位表示长度值的数字称为尺寸。这一定义说明，尺寸指的是长度的值，由数字和特定单位两部分组成，例如 40 mm、60 μm 等，在机械加工中，一般情况下都用 mm 作为尺寸单位。把直径、长度、宽度、高度和中心距等称为尺寸，角度值不能称为尺寸。

（2）基本尺寸：设计时给定的尺寸称为基本尺寸。在图样上所标出的零件各个部分的尺寸都是设计时给定的，这些尺寸都叫做基本尺寸。

为了简化切削刀具、测量工具、型材和零件尺寸的规格，国标（GB 2822—2005）已将机械制造业中 0.01～20000 mm 范围内的尺寸标准化，这些标准化的尺寸称为标准尺寸。基本尺寸是一个标准尺寸，它是计算极限尺寸和偏差的起始尺寸。孔的基本尺寸用 L 表示，轴的基本尺寸用 I 表示。

（3）实际尺寸：实际尺寸是通过测量获得的尺寸。零件加工后，在测量中不可避免地包含着测量误差和形状误差等因素的影响，因此，这个尺寸不可能是尺寸的真值。实际尺寸，我们一般是指零件加工后的尺寸。

（4）极限尺寸：允许尺寸变化的两个界限值，统称为极限尺寸。它是以基本尺寸为基数来确定的。两个界限值中较大的一个称为最大极限尺寸，较小的一个称为最小极限尺寸。

3. 有关公差和偏差方面的术语及其定义

（1）尺寸偏差：某一尺寸减其基本尺寸所得的代数差，称为尺寸偏差，简称为偏差。

（2）上偏差：最大极限尺寸减其基本尺寸所得的代数差，孔的上偏差用 ES 表示，轴的上偏差用 es 表示。

（3）下偏差：最小极限尺寸减去基本尺寸所得的代数差。孔的下偏差用 EI 表示，轴的下偏差用 ei 表示。

（4）实际偏差：实际尺寸减去基本尺寸所得的代数差。因为极限尺寸和实际尺寸之差，可能大于、小于或等于基本尺寸，所以偏差可以为正值、负值或零值。计算时应注意偏差的正、负符号，要随偏差数值一起代到计算公式中运算。

第四节　交流电基础知识

一、交流电的基本概念

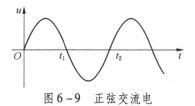

图 6 - 9　正弦交流电

大小与方向均随时间作周期性变化的电流（电压、电动势）叫交流电。交流电的变化规律随时间按正弦函数变化的称为正弦交流电，其图形如图 6 - 9 所示。工程上用的一般都是正弦交流电。工作在交流电下的电路称为交流电路。

二、正弦交流电的瞬时值、最大值、有效值和平均值

1. 瞬时值

交流电在某一瞬间的数值称为交流电的瞬时值，用小写字母 e、u、i 等表示。

2. 最大值

交流电的最大瞬时值称为交流电的最大值（也称振幅值或峰值），用字母 E_{max}、U_{max}、I_{max} 等表示。

3. 有效值

若一个交流电和直流电通过相同的电阻，经过相同的时间产生的热量相等，则这个直流电的量值就称为该交流电的有效值。用大写字母 E、U、I 等表示，对于正弦交流电，有效值与最大值的关系式为

$$E_{max} = \sqrt{2}E \qquad U_{max} = \sqrt{2}U \qquad I_{max} = \sqrt{2}I$$

平时所讲交流电的大小，都是指有效值的大小。

4. 平均值

正弦交流电在正半周期内所有瞬时值的平均大小称为正弦交流电的平均值，用字母 E_P、U_P、I_P 等表示。正弦交流电平均值与最大值的关系为

$$E_P = \frac{2}{\pi}E_{max} \qquad U_P = \frac{2}{\pi}U_{max} \qquad I_P = \frac{2}{\pi}I_{max}$$

三、正弦交流电的周期、频率及角频率

1. 周期和频率

交流电完成一次循环所需要的时间叫周期，用字母 T 表示，单位是 s。在每秒钟内交流电重复变化的次数叫频率，用字母 f 表示，单位是 Hz。频率和周期互为倒数，即

$$f = \frac{1}{T} \quad 或 \quad T = \frac{1}{f}$$

我国工业上使用的正弦交流电频率为 50 Hz，习惯上称为工频。

2. 角频率

正弦交流电表达式的 ωt 项中，ω 通常称为角频率或角速度。它表示交流电每秒钟内变化的角度，ω 的单位是 rad/s。

四、正弦交流电的相位、初相角及相位差

在交流电表达式中，符号 sin 后面 ωt 为角度，不同正弦交流电在 $t=0$ 时的初始值是不一样的。把 $t=0$ 时正弦交流电的相位角称为初相角或初相位，完整的正弦交流电表达式为

$$e = E_{max}\sin(\omega t + \varphi)$$

式中　　　　E_{max}——交流电的最大值，V；

　　　　$(\omega t + \varphi)$——相位；

　　　　　　φ——初相角（初相位）。

两个同频率交流电的相位之差叫相位差，用字母 $\Delta\varphi$ 表示，即

$$\Delta\varphi = (\omega t + \varphi_1) - (\omega t + \varphi_2) = \varphi_1 - \varphi_2$$

确定一个交流电变化情况的三个重要数值是最大值、频率和初相角。通常称之为交流电的三要素。

五、三相交流电源

三相交流电是由三相交流发电机产生，经三相输电线输送到各地。三相电源对外输出的为 e_U、e_V、e_W 三个电动势，三者之间的关系为：大小相等、频率相同，相位上互差 120°，即

$$\begin{cases} e_U = E_{max}\sin\omega t \\ e_V = E_{max}\sin(\omega t - 120°) \\ e_W = E_{max}\sin(\omega t + 120°) \end{cases}$$

三相电动势达到最大值的先后次序叫相序。正序为 U—V—W—U；反之为逆序。常用黄、绿、红三色分别表示 U、V、W 三相。

第五节　矿井供电基础知识

电力是现代化矿山企业的动力，由于用电量大，井下生产环境特殊，条件恶劣，因此，首先应该保证供电的可靠与安全，并做到在经济和技术方面合理地满足矿井生产的需要。

一、煤矿企业对供电的基本要求

煤矿企业由于生产条件的特殊性，对供电有如下要求：

1. 供电可靠性

煤矿一旦中断供电，不仅影响生产，而且有可能发生人身事故或设备损坏，严重时将会造成矿井破坏。为了保证煤矿供电的可靠性，供电电源应采用两回独立电源线路，当任一回路电源因故障而停止供电时，另一回路就要担负矿井的全部供电负荷，从而保证井下生产过程中供电的可靠性。

2. 供电安全性

煤矿生产环境复杂，自然条件恶劣，供电线路和电气设备易受损坏，可能造成人身触电等事故。因此，必须采取防爆、防触电及过流保护等一系列技术措施，严格遵守《煤

矿安全规程》中的有关规定，以确保安全供电。

3. 技术合理性

在保证供电可靠和安全的前提下，还应保证供电质量。供电质量是指电压的偏移不超过额定电压值的 ±5%，频率偏移不超过 ± (0.2 ~ 0.5) Hz。

4. 供电经济性

提高供电系统的经济性，就是要使系统运行中耗费少、成本低、效率高。主要从以下几个方面考虑：

(1) 加强企业管理。

(2) 尽量减少供电系统的基本投资。

(3) 尽量减少和降低设备材料及有色金属的消耗。

(4) 尽量降低电能损耗及维修费用。

二、煤矿电力负荷分类

电力负荷的分类，是根据负荷的重要性以及供电中断所造成的危害程度来划分的。电力负荷一般分为三类，以便在不同情况下分别对待。

1. 一类负荷

凡因突然停电会造成人身伤亡事故、设备损坏、停止生产，给国民经济带来重大损失者，为一类负荷。如矿井主通风机、井下主排水泵、竖井载人提升机等。对一类用户必须设有两个独立电源，以保证一回路供电线路发生故障情况下，另一回路仍能继续供电。

2. 二类负荷

凡因突然停电造成大量废品，产量显著下降，在经济上造成较大损失者，为二类负荷。如井下采区变电所、空气压缩机，选煤厂等。对二类用户，采用双回路或单回路电源供电，应视产量大小而定。

3. 三类负荷

凡不属于一、二类负荷均为三类负荷。如修配厂、学校和生活区等与生产无直接关系的用户。这类用户停电不直接影响生产，因此可采用单回路电源供电。

负荷分类有利于调整用电负荷，可区别轻重缓急，在电力不足情况下，应视实际情况首先对三类负荷限电，必要时再对二类负荷限电，以确保对一类负荷供电。

三、煤矿企业常用的电压等级

我国煤矿常用的电压等级见表 6 - 1。

表 6 - 1　煤矿电压等级

电　压　等　级		用　　　　　途
交　流　电	36 V	矿用低压隔爆磁力起动器的控制回路及信号回路
	127 V	井下照明、信号、煤电钻
	220 V	地面照明、低压动力
	380 V	地面或井下低压动力
	660 V	井下低压动力

表6-1（续）

电 压 等 级		用 途
交 流 电	1140 V	采区大型采煤机组等
	3 kV、6 kV、10 kV	高压输电
	110 kV、220 kV、330 kV 以上	超高压输电
直 流 电	110 V、220 V、440 V	一般动力
	250 V、550 V	架线式电机车
	40 V、80 V、110 V、120 V	蓄电池电机车
	2.5 V、4 V	矿 灯

四、矿井供电系统

由矿井电源、矿井各级变电所（地面变电所、井下中央变电所和采区变电所等）、矿井各种电压等级的配电线路及各类用电设备组成的整体，称之为矿井供电系统。

矿井地面变电所是矿井供电的枢纽，担负着全矿的供电任务。在多数情况下，一个矿井只设立一个地面变电所，当矿井较多且比较分散时，可设立两个或两个以上的地面变电所，相互配合向各矿井供电。

煤矿井下供电一般有两种形式：一种为深井供电系统，另一种为浅井供电系统。井下供电方式的确定，主要取决于井田范围、煤层倾角、埋藏深度、矿井年产量、开采方法、涌水量大小以及机械化和电气化程度等因素。

第七章　矿井泵工基础知识

第一节　流体的压缩性和膨胀性

如果液体温度不变而作用于液体上的压力增加时，则液体的体积就会减小，密度增大，这一性质叫作液体的可压缩性。液体的可压缩性大小用压缩系数 β_p 表示。其意义是在温度不变的情况下，液体增加 1 个单位压力时，其体积的相对变化量。

如以 dp 表示压力变化值，$\dfrac{dV}{V}$ 表示体积相对改变值（V 是原来的体积），则体积压缩系数为

$$\beta_p = -\frac{\dfrac{dV}{V}}{dp} \tag{7-1}$$

压力增加时，体积减小，为使 β_p 为正值，故在式中加"－"号。在国际单位制中，体积压缩系数 β_p 的单位是 m^2/N。

液体的体积压缩系数是非常小的。例如压力在 1 ~ 500 大气压之间，温度在 0 ~ 20 ℃之间时，水的体积压缩系数不超过 1/20000。因此，可以把液体看作是不可压缩的。但在特殊情况下（如水冲击），仍必须考虑，否则，压缩性的影响将会造成很大的偏差。

液体的体积随温度的升高而膨胀的性质称为液体的膨胀性，用体积膨胀系数 β_t 表示。

$$\beta_t = \frac{1}{V} g \frac{dV}{dt} \tag{7-2}$$

式中　β_t——液体体积膨胀系数，1/℃；

　　　V——液体膨胀前的体积，m^3；

　　　dV——液体体积的增量，m^3；

　　　dt——液体温度的增量，℃。

液体的 β_t 值也是很小的。以水为例，在一个标准大气压下，温度为 40 ~ 50 ℃ 时，$\beta_t = 422 \times 10^{-6}$/℃。$\beta_t$ 也与压力有关，只是其变化甚微。对于多数液体而言，β_t 随压力的升高而略减小，但是对于水而言，随压力升高 β_t 值略有增加。表 7 - 1 列出水在不同压力、不同温度范围下的膨胀系数。

液体的 β_t 值是很小的，当压力及温度变化不大时，可以认为液体的体积不发生变化，即为不可压缩又不膨胀的流体。因此，可以认为液体的重度 γ 及密度 ρ 是不随温度和压力而改变的。只有压力及温度变化很大时，才需考虑其压缩性及膨胀性，以免造成较大的误差。

表7-1　水在不同压力、不同温度范围下的 β_t 值

压力/标准大气压	$\beta_t/℃^{-1}$		
	1 ~ 10 ℃	10 ~ 20 ℃	40 ~ 50 ℃
1	14×10^{-6}	150×10^{-6}	422×10^{-6}
100	43×10^{-6}	165×10^{-6}	422×10^{-6}
200	72×10^{-6}	183×10^{-6}	426×10^{-6}
500	149×10^{-6}	236×10^{-6}	429×10^{-6}

第二节　液流在管路中的水头损失

液流在管路中流动时，将遇到两种阻力，即沿程阻力和局部阻力。

沿程阻力是由于运动流体层间的摩擦和流体与固体壁面之间的摩擦而产生的一种阻力。流体为克服沿程阻力而消耗的能量，称为沿程能量损失，简称沿程损失或沿程水头损失，用符号 h_I 表示。沿程损失只发生在过流断面无变化的直线段上，而且流程愈长，损失愈大。

局部阻力是由于流场的变化而产生的。当流体流经扩散管、收缩管、阀门、弯管等局部区域时，流速的大小、方向均发生变化。流体为克服局部阻力而消耗的能量，称为局部能量损失，简称局部损失或局部水头损失，用 h_j 表示。

在流体动力学基本方程式里的水头损失 h_w 一项中，实际应包括全部沿程损失和各种局部损失。即

$$h_w = h_I + h_j \tag{7-3}$$

第三节　离心式水泵的工作参数

水泵的工作性能是用水泵的工作参数来表示的。所谓水泵工作参数，即表示水泵工作状态的有关数据，主要有下列6个参数。

1. 流量

水泵在单位时间内所排出水的体积称为流量，通常以符号 Q 表示，单位 m^3/s。

2. 扬程

水泵的扬程是指水泵在排水过程中所产生的压头，用符号 H 表示，单位 m。

离心式水泵的扬程是以泵轴中心线为界分为两侧，一侧是用吸水管把水吸上来称为吸水扬程，另一侧是通过排水管把水压出去称为排水扬程。

（1）吸水扬程 H_x：从水泵的轴线到水面的垂直距离。

（2）排水扬程 H_p：从水泵的轴心到排水管的出口中心的垂直距离。

（3）实际扬程 H_{sy}：排水扬程 H_p 与吸水扬程 H_x 之和，即

$$H_{sy} = H_x + H_p \tag{7-4}$$

对于斜井或倾斜管路，H_{sy} 为

$$H_{sy} = L_x \sin\alpha_x + L_p \sin\alpha_p \tag{7-5}$$

由于水泵在工作中，水经过吸、排水管、弯头、闸门等时均有摩擦阻力，因而减少了

水泵的可能扬程高度，称此高度为损失水头。因此水泵的总扬程 H 为

$$H = H_{sy} + H_w + H_d \qquad (7-6)$$

对于倾斜管路

$$H = L_x \sin\alpha_x + L_p \sin\alpha_p + H_w + H_d \qquad (7-7)$$

式中　　L_x——吸水管的倾斜长度，m；

　　　　L_p——排水管的倾斜长度，m；

　　　　α_x——吸水管的倾角，（°）；

　　　　α_p——排水管的倾角，（°）；

　　　　H_w——损失扬程，m；

　　　　H_d——水在管路中以速度 v 流动时所需的扬程，m。

铭牌上标出的扬程，一般是指水泵最高效率的扬程。

3. 功率

功率表示水泵在单位时间内所做功的大小，通常以符号 P 表示，单位为 W，在工程上一般采用 kW。水泵的功率分为有效功率、轴功率和配套功率 3 种。

（1）有效功率：指通过水泵的水流所得到的净功率，又称输出功率，用符号 P_x 表示。

$$P_x = \frac{\gamma \cdot Q \cdot H}{1000} \qquad (7-8)$$

式中　　γ——液体重度，N/m³；

　　　　Q——流量，m³/s；

　　　　H——扬程，m；

　　　　P_x——有功功率，kW。

（2）轴功率：指水泵在一定的流量和扬程下，电动机加给水泵轴上的功率，又称输入功率。它与有效功率的关系为

$$P = \frac{P_x}{\eta} \qquad (7-9)$$

式中　　η——水泵效率；

　　　　P_x——有功功率，kW。

（3）配套功率：指一台水泵应选择的电动机的功率数值。

4. 效率

因为泵内有损失功率存在，因此，水泵的有效功率总小于轴功率。若轴功率不变，泵内损失愈大，有效功率就愈小，效率就愈低。效率是用有效功率和轴功率比值的百分数来表示的，即

$$\eta = \frac{P_x}{P} \times 100\% \qquad (7-10)$$

因此，轴功率

$$P = \frac{\gamma \cdot Q \cdot H}{1000\eta} \qquad (7-11)$$

一般水泵的效率在 60% ~ 80% 之间。

5. 转速

指水泵叶轮每分钟旋转的次数，用符号 n 表示，单位为 r/min。在使用过程中，水泵的

转速确定后，不能任意改变。如果外界条件需要改变转速时，一般限制在 10% 以内。转速太高会引起电动机超载和损坏泵内零件；转速也不可降低太多，太低会导致水泵效率下降。

6. 允许吸上真空高度

当水泵的流量，管路一定时，吸上真空高度随着吸水高度的增加而增加，但增加到某一数值时，水泵就会发生汽蚀而不能工作，对于这一工况下的吸上真空高度叫作最大吸上真空高度。为了保证有尽可能大的吸上真空高度而又不发生汽蚀，设计规范要求要留出 0.3 m 的安全裕量，即最大吸上真空高度减去 0.3 m 作为允许吸上真空高度。它是用来确定水泵安装高度的重要依据。

第四节　离心式水泵的构造

一、D 型离心式水泵的构造

D 型离心式水泵是单吸、多级、分段式水泵，它是在 DA 水泵基础上改进的产品，适用于矿山排水。D 型水泵由转动部分、固定部分，轴承部分和密封部分所组成，如图 7-1 所示。

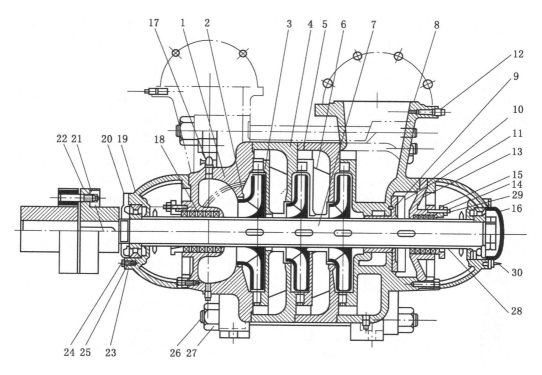

1—进水段；2—密封圈；3—叶轮；4—中段；5—纸垫；6—导叶套；7—泵轴；8—出水段；9—平衡盘；10—纸垫；11—螺钉；12—四方螺塞；13—尾盖；14—填料；15—填料压整；16—无孔墙盖；17—气嘴；18—填料环；19—轴承体；20—有孔端盖；21—平键；22—联轴器；23—滚柱轴承；24—双头螺栓；25—螺母；26—拉紧螺栓；27—螺母；28—轴套；29—压盖螺栓；30—螺栓

图 7-1　200D43 型三级泵的结构图

1. 转动部分

转动部分主要由泵轴、叶轮、平衡盘3个部分组成。

（1）泵轴：泵轴由45号碳素钢制成。为防止泵轴锈蚀，在泵轴外装有轴套，借以延长泵轴的使用寿命。

（2）叶轮：亦称水轮或工作轮，是水泵的一个主要零件。离心式水泵主要是靠叶轮的高速旋转而进行排水的。水泵流量的大小、扬程的高低都与叶轮的形状、尺寸大小有关。一般来说叶轮吸水口愈大则流量愈大，外径愈大、级数愈多则扬程愈高。图7-2是D型水泵叶轮的剖视图。

（3）平衡盘：用来消除水泵的轴向推力，图7-3是D型水泵平衡盘的剖视图。

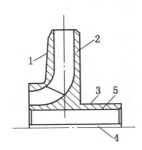

1—前轮盘；2—后轮盘；3—轮壳；4—键槽；5—轴孔

图7-2　D型水泵叶轮的剖视图

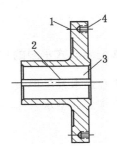

1—盘面；2—键槽；3—轴孔；4—螺孔

图7-3　D型水泵平衡盘的剖视图

2. 固定部分

固定部分主要由吸水段（前段）、排水段（后段）、中段、轴承体组成。水泵的吸水口在水泵的吸水段侧，成水平方向；排水口在水泵的排水侧，成垂直方向（图7-1）。水经叶轮甩出后，具有相当大的动压$v^2/2g$，此项动压必须尽快地转变为静压以提高水泵的效率。D型泵动压转变为静压是依靠水泵中段的导向器和环形室来实现的，使叶轮甩出的水不致产生涡流和冲击，均匀地流入下段或排出泵外。因此，导向器和环形室的作用就是把水泵的动压转变为静压和进行导向。图7-4所示为200D43型水泵中段图。

水泵的密封及各段静止面用纸垫密封；转动部分与固定部分之间的密封采用密封环和填料来密封。

（1）密封环又称口环，在叶轮的吸水口外圆和水泵固定部件之间。叶轮尾端轮壳和泵段导叶内孔之间都有间隙，为防止高压水由此间隙漏出，在这个地方安装有密封环，如图7-5所示。密封环是一种易磨零件，用平头螺丝固定在水轮的吸水处，磨损后可随时更换新件，从而延长了叶轮的使用寿命。

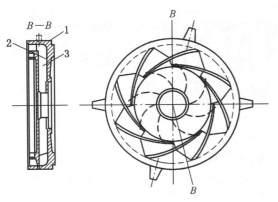

1—中段外壳；2—导叶叶片；3—反水道叶片

图7-4　200D43型水泵中段图

（2）填料装置又称填料箱或盘根箱，

如图 7-6 所示。填料箱的作用是封闭泵轴穿出泵壳时的间隙，防止漏水漏气，另外还可以起到部分支承泵轴、引水润滑冷却泵轴的作用。D 型水泵的填料一般用棉线编成辫子形状，然后在油中充分浸泡，另一种是用石棉绳编成辫子或方形，用石蜡浸透后再压成方形，外涂石墨粉。

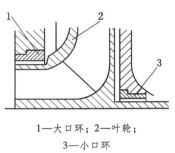

1—大口环；2—叶轮；

3—小口环

图 7-5　D 型泵的密封环

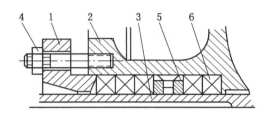

1—填料压盖；2—水泵吸水段；3—套；4—螺栓；

5—填料环；6—填料

图 7-6　D 型水泵的填料装置

D 型泵具有下列特点：

（1）流量和扬程范围较大，适用于矿山排水，并有清水泵和耐酸泵两种。

（2）效率高达 80%，是我国目前制造的离心式水泵中效率最高的水泵。

（3）采用单列向心滚子轴承，此轴承可以满足运转时泵轴的轴向窜动，减少了阻力，提高了机械效率。

（4）为防止水进入轴承，采用了 O 型耐油橡胶密封圈及挡水圈。

（5）通向吸水侧填料箱的水封管通过进水段内部，不裸露在外面。

（6）扬程曲线较平稳，没有上凸部分，且零流量时的扬程较高，有利于水泵的稳定运转。零流量时功率低，减少了启动负荷，效率曲线平稳，因而扩大了工业利用区，如图 7-7 所示。

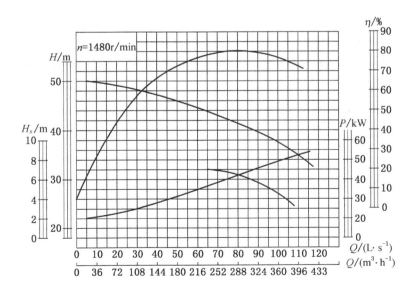

图 7-7　200D43 型水泵性能曲线

现以 200D43 × 5 和 200DF43 × 5 为例说明 D 型水泵符号意义：

    200——水泵吸水口直径为 200 mm；

      D——单吸多级清水泵；

    DF——单吸多级耐酸泵；

43 × 5——单级扬程 43 m，水泵级数为 5 级。

二、BA 型离心式水泵的构造

BA 型离心式水泵（原为 K 型水泵）的构造如图 7 - 8 所示，它是一种单吸悬臂式水泵。

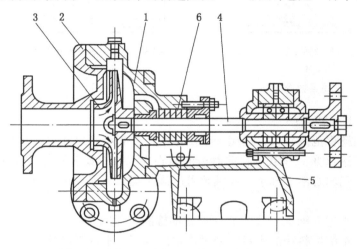

1—泵体；2—泵盖；3—叶轮；4—轴；5—托架；6—密封装置

图 7 - 8   BA 型离心式水泵

泵体由铸铁制成，其内有逐渐扩散至水泵出水口的螺线形流道，在出口法兰盘上有安装压力表的螺孔，泵体下部有一放水用的螺孔。泵体与泵盖以止口结合，并与托架用双头螺栓连接。泵盖由铸铁制成，泵盖与泵体结合面间设有纸垫以防漏水。泵盖内装有填料密封装置，填料密封装置由填料室、填料压盖、填料环，填料等组成。泵轴由优质碳素钢制成，一端固定叶轮，一端装联轴器，由装在托架内的球轴承支持。托架用铸铁制成，内有用来安装轴承的轴承室。

现以 4BA - 12A 型水泵为例，说明 BA 型泵的符号意义：

    4——进水口直径（in）；

    BA——单级单吸悬臂式离心式水泵；

  12——表示比转速 $n_s = 12 \times 10 = 120$；

    A——表示该泵更换了不同外径的叶轮。

第五节   其 他 水 泵

一、射流泵

射流泵是一种无传动装置水泵，它是靠其他液体或气体的能量来输送液体的，矿井中的应用一般是在无底阀式离心泵的灌引水。

射流泵的结构示意如图 7 - 9 所示，其工作原理如下：当具有一定压力的高压水从管 1 进入喷嘴 3，使水的静压转变为速度能，从喷嘴射出的高速水流，将吸水室 2 中的空气带走，因而在吸水室形成负压，水池中的水在大气压力作用下进入吸水室，然后和喷射出来的高压水流发生能量交换，在流出混合室 4 时，两股水流的流速基本上一致，水流进入扩张管 5，流速逐渐降低，动能变为压能，最后进入排水管 6 中。

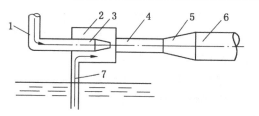

1—高压水管；2—吸水室；3—渐缩形喷嘴；4—混合室；5—扩张形扩散器；6—排水管；7—吸水管

图 7 - 9　射流泵示意图

射流泵消耗的高压水量约为它输送水量的 1 ~ 2.5 倍，射流泵所需要的高压水的压头为它所产生扬程的 3 ~ 5 倍，射流泵的效率很低，一般为 20% ~ 25%，它所产生的压头不大于 100 ~ 150 m。射流泵由于构造简单，体积小，没有运转部件，可用于输送清水、矿浆，特别是在地方狭小，条件不好，不需要维修和看管的地方，运行比较经济。

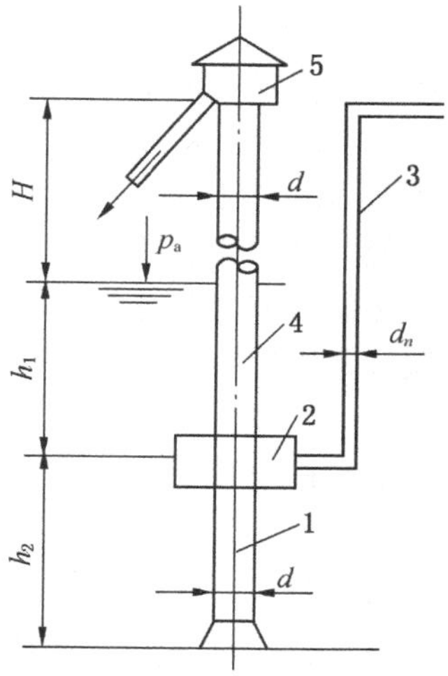

二、气泡泵

气泡泵的结构如图 7 - 10 所示，主要由吸水管 1、气与水的混合器 2、压气管 3、排水管 4、气水分离器 5 等组成，其工作原理如下：

混合器 2 淹没在水面下一定的深度 h_2，因此水能自动经吸水管 1 进入混合器 2，沿压气管 3 进入混合器 2 的压缩空气与水相遇，混合成有气泡的水。由于具有气泡之水的重度小于水之重度，在水的静压头 h_1 的作用下，使具有气泡之水沿排水管 4 上升到分离器 5 中，气与水在此进行分离，水流出，气体进入大气中去，从而达到排水目的。

1—吸气管；2—混合器；3—压气管；4—排水管；5—分离器

图 7 - 10　气泡泵示意图

气泡在上升过程中，随着压力的降低体积膨胀，气泡膨胀放出的能量一部分用于支承水上升，做了有用功，其余部分则消耗在气泡与水的相对运动以及克服管道阻力等方面。

气泡泵的优点：工作可靠，结构简单，平面尺寸小，制造容易；主要缺点是设备效率低。常用于井筒掘进排水及钻孔疏干排水。

三、压气泵

压气泵是利用压缩空气将密封容器内的水挤压排到一定的高度，如图 7 - 11 所示，为双泵室的压气泵示意图，由两个泵室 1 及 5、排水管 3、压气管 2 及 4、吸水阀 7 和排水阀 6 组成，其工作原理如下：

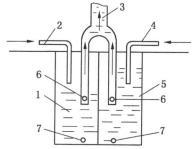

1、5—泵室；2、4—压气管；3—排水管；6—排水阀；7—吸水阀

图 7 - 11　压气泵示意图

由于压气泵淹没在水中，当泵 1 与大气相通时，其吸水阀 7 打开，水进泵室，待水充满后，泵室 1 与压缩空气接通，压缩空气进入泵室 1 并挤压其内的水，吸水阀 7 关闭，排水阀 6 打开，水被挤压流经排水阀 6 沿排水管 3 上升而后排出，为了操纵压气可用特殊的分配器使两室轮流与大气或压缩空气相通。

压气泵的优点：结构简单，易于制造，能排送含泥沙的矿水。其缺点是排水高度受压缩空气压力的限制，吸水阀和排水阀有可能关闭不严而产生泄漏，影响泵的效率。压气泵效率低，最高效率可达到 50% 左右。一般应用于井下水仓清理，排泥浆水等。

四、往复泵

1. 类型

往复泵的类型主要决定于液力端型式、驱动及传动方式、缸数及液缸布置方式。

2. 性能特点

往复泵是被人类应用最早的机器之一。19 世纪，由于钢铁工业发展和蒸汽的出现，就有了往复泵完整的形式和品种，并得到了广泛的应用。后来，由于离心泵的出现和发展，离心泵结构简单，流量范围大，造价低，因此在许多地方都由离心泵代替了往复泵。目前，虽然往复泵的应用范围仍次于离心泵，但还有它的独特之处，泵的流量基本上是定值，流量调节可采用调速电机或变速箱。如果是直动泵，泵的排出压力取决于蒸气、压缩空气或液压油的压力，这些介质的泵调节流量比较方便，可实现远距离操纵。

3. 工作原理

往复泵主要由活塞 1、泵缸 2，吸入阀 6、排出阀 4、吸入管 7 和排出管 3 等组成，活塞和吸入阀排出阀之间的空间称为工作室 5，如图 7－12 所示。

往复泵的工作原理可分为吸入和排出两个过程。当活塞由原动机带动，从泵缸的左端开始向右端移动时，泵缸内工作室的容积逐渐增大，压力逐渐降低形成局部真空，这时排出阀紧闭，容器中的液体在大气的作用下，便进入吸入管并顶开吸入阀而进入工作室，当活塞移动到右顶端，工作室容积达到最大值，所以吸入液体也达到最大值，这是吸入过程；当活塞向左移动时，泵缸内的液体受到挤压，压力增高，将吸入阀关闭而推开排出阀，液体从排出管排出，这就是排出过程。活塞在原动机带动下这样来回往复一次，完成一个吸入过程和排出过程，称为一个工作循环。当活塞不断地作往复运动时，泵便不断地输出液体。活塞在泵缸内可以从一顶端位置移至另一顶端位置，这两顶端之间的距离 S，称为活塞行程或冲程。两顶端叫做死点。

五、螺杆泵

1. 工作原理和特点

螺杆泵依靠螺杆相互啮合空间的容积变化来输送液体，当螺杆转动时吸入腔一端的密封线连续地向排出腔一端做轴向移动，使吸入腔的容积增大，压力降低，液体在压差作用下沿吸入管进

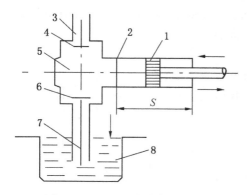

1—活塞；2—泵缸；3—排出管；4—排出阀；
5—工作室；6—吸入阀；7—吸入管；8—容量

图 7－12　往复泵工作原理图

入吸入腔，随着螺杆的转动，密封腔的液体连续而均匀地沿轴向移动到排出腔，由于排出腔一端的容积逐渐缩小，即将液体排出。螺杆泵的特点是流量和压力脉动小，噪声小，寿命长，有自吸能力而且结构简单紧凑。

螺杆泵属于容积式泵，它的压力决定于它连接的管路系统的总阻力。为防止由于某种原因使泵连接管路的阻力突然增加，以致泵的压力超过容许值而损坏泵或原动机，泵须配带安全阀或采取其他保护措施。除单螺杆泵外，在吸入管路上一般须配置过距器，滤网为 40~80 目，过滤面积一般为吸入管横截面积的 2~30 倍，应仔细清除从过滤器到泵吸入口之间管路内的焊渣、氧化皮和砂粒等，以免杂质进入泵内，使泵"咬死"。

螺杆泵广泛地应用在化学、石油、矿山、造船、食品和机床等工业部门，用来输送各种液体，如润滑油、燃料油、水等。

2. 螺杆泵的结构

（1）三螺杆泵。三螺杆泵主要由一根主动螺杆、两根从动螺杆和包容三根螺杆的泵套组成，主杆螺纹为凸型双头，从杆螺纹为凹型双头，二者螺旋方向相反。

低压三螺杆泵，其主杆为悬臂式，其余轴向力由热装在主杆上的推力套承受，从杆端部为自然润滑式，其轴向力由端部的推力块承受。中、高压三螺杆泵多为高压平衡式，高压液经泵套上的深孔引到主杆和从杆的端部，平衡螺杆上的轴向力，也可采用低压平衡式，使位于排出腔一端的从杆平衡活塞的端部与低压腔连通，从杆的剩余轴向力应指向排出腔。

（2）双螺杆泵。双吸式双螺杆泵的泵体内装有两根左、右旋单头螺纹的螺杆，由于螺杆的两端处于同一压力腔中，螺杆上的轴向力可自行平衡。主杆通过一对同步齿轮带动从杆回转，两根螺杆以及螺杆与泵体之间的间隙靠齿轮和轴承保证。齿轮和轴承装在泵体外面并有单独的润滑系统。如输送润滑性液体，则可使齿轮、轴承同泵体联于一腔，直接由输送液体来润滑，使结构更紧凑。

（3）五螺杆泵。双吸式五螺杆泵的泵套内装有五根左、右旋双头螺纹的螺杆，主、从杆螺旋方向相反，螺杆上的轴向力可自行平衡。螺杆齿廓上有一段是渐开线，它起主杆向从杆传递运动的作用。螺杆两端装有滚动轴承，保证螺杆与泵套之间的间隙。

对于单吸式双螺杆泵和五螺杆泵，通常需考虑平衡轴向力的液力平衡装置。

第六节 阀 门

一、阀门的分类

阀门是排水设备中一种主要附件，它可从不同的角度进行分类。

1. 按动力分

（1）自动阀门：依靠介质自身的力量进行动作的阀门。如止回阀、减压阀、疏水阀、安全阀等。

（2）驱动阀门：依靠人力、电力、液力、气力等外力进行操纵的阀门。如截止阀、节流阀、闸阀、蝶阀、球阀、旋塞阀等。

2. 按结构特性分

（1）截门形：关闭件沿着阀座中心线移动。

（2）闸门形：关闭件沿着垂直阀座的中心线移动。

（3）旋塞形：关闭件是柱塞或球，围绕本身的中心线旋转。

（4）旋启形：关闭件围绕阀座外的一个轴旋转。

（5）蝶形：关闭件是圆盘，围绕阀座内的轴旋转。

3. 按用途分

（1）开断用：用来切断或接通管路介质。如截止阀、闸阀、球阀、旋塞阀等。

（2）调节用：用来调节介质的压力或流量。如减压阀、调节阀。

（3）分配用：用来改变介质的流向，起分配作用。如三通旋塞阀、截止阀等。

（4）止回用：用来防止介质倒流。如止回阀。

（5）安全用：在介质压力超过规定数值时，排放多余介质，以保证设备安全。如安全阀、事故阀。

（6）阻气排水用：留存气体，排除凝结水。如疏水阀。

4. 按操纵方法分

（1）手动阀门：借助手轮、手柄、杠杆、链轮、齿轮、蜗轮等，由人力来操纵的阀门。

（2）电动阀门：借助电力来操纵的阀门。

（3）气动阀门：借助压缩空气来操纵的阀门。

（4）液动阀门：借助水、油等液体，传递外力来操纵的阀门。

5. 按压力分

（1）真空阀：绝对压力小于 9.8×10^4 Pa 的阀门。

（2）低压阀：公称压力小于 1.57 MPa 的阀门。

（3）中压泵：公称压力 2.45～6.27 MPa 的阀门。

（4）高压阀：公称压力 9.8～78.4 MPa 的阀门。

（5）超高压阀：公称压力超过或大于 98 MPa 的阀门。

6. 按介质温度分

（1）普通阀门：适用于介质工作温度 -40～45 ℃ 的阀门。

（2）高温阀门：适用于 450～600 ℃ 的阀门。

（3）耐热阀门：适用于 600 ℃ 以上的阀门。

（4）低温阀门：适用于 -70～-40 ℃ 的阀门。

（5）深冷阀门：适用于 -196～-70 ℃ 的阀门。

（6）超低温阀门：适用于 -196 ℃ 以下的阀门。

7. 按公称通径分

（1）小口径阀门：公称通径小于 40 mm 的阀门。

（2）中口径阀门：公称通径 50～300 mm 的阀门。

（3）大口径阀门：公称通径 350～1200 mm 的阀门。

（4）特大口径阀门：公称通径大于 1400 mm 的阀门。

二、常用阀门的结构、原理及用途

1. 闸阀

闸阀，也叫闸板阀，是广泛使用的一种阀门。它的闭合原理是：闸板密封面与阀座密封面高度光洁，平整一致，相互贴合，可阻止介质流过，并依靠顶楔、弹簧或闸板的楔形来增强密封效果。其动作特点是关闭件沿阀座中心线的垂直方向移动，它在管路中主要起切断作用。

它的优点是：流体阻力小；启闭较省劲；可以在介质双向流动的情况下使用，没有方向性；全开时密封面不易冲蚀；结构长度短，不仅适合做小阀门，而且适合做大阀门。

闸阀的缺点是：高度大；启闭时间长；在启闭过程中，密封面容易被冲蚀；修理比截止阀困难；不适用于含悬浮物和析出结晶的介质。

2. 截止阀

截止阀是使用最广泛的一种阀门。它的工作原理是，依靠阀杆压力，使阀瓣密封面与阀座密封面紧密贴合，阻止介质流通。截止阀只许介质单向流动，安装时有方向性。截止阀的动作特性是关闭件沿阀座中心线移动。它的作用主要是切断，也可粗略调节流量，但不能当节流阀使用。

它的优点是在开闭过程中，密封面之间摩擦力小，比较耐用，开启高度不大，制造容易，维修方便；不仅适用于中低压，而且适用于高压、超高压。缺点是启闭力矩较大且难以实现快速启闭；阀体内流道曲折，流体阻力较大，流体动力在管路中损失较大。

3. 节流阀

节流阀，也叫针形阀，外形跟截止阀并无区别，但阀瓣形状不同，用途也不同。它以改变通道面积的形式来调节流量和压力，通常用于压力降较大的场合。但它的密封性能不好，作为截止阀是不适宜的。同样，截止阀虽能短时粗略调节流量，但也不能作为节流阀，当形成狭缝时，高速流体会使密封面冲蚀磨损以致失去效用。

4. 止回阀

止回阀，也叫逆止阀、单向阀等，是依靠流体本身的力量自动关闭的阀门。它的作用是阻止介质倒流。一般安装在离水泵很近的闸阀上方，其作用是当水泵突然停止运转（如突然停电），或者在未关闭调节闸阀的情况下停泵时，逆止阀自动关闭，切断水流，使水泵不致受到水力冲击而遭到破坏。

5. 底阀

底阀位于吸水管的末端，它的作用是在水泵启动前灌水时，防止管内存水外流，保证水泵启动。当水泵正常运行后，底阀打开，水就可以源源不断通过底阀而进入水泵。实际上底阀就是吸水管端的逆止阀。

由于底阀有阻力，目前大多已采用无底阀排水。

6. 安全阀

安全阀，也叫保险阀。为了生产的安全，介质压力超过规定数值时能自动排泄，使设备或管路免除破坏的危险，压力正常后又能自动闭合。

7. 颗粒泥浆阀

颗粒泥浆阀由组合式阀体、阀座、外接法兰组成。由于在结构上采用结合式，制造和装配工艺性好，质量易于保证，且承受高压。带空洞的板式闸门由于结构简单，已取代传统的楔式门。闸板仅是一块开了洞的钢板，其上无任何附加的密封装置。闸板上开洞的尺寸与阀体管道直径相同，所以当闸板处于全开位置时，整个管道的尺寸没有变化，介质流动阻力等于管道摩擦阻力。由于闸板带有空洞，并且厚度很薄，所以开启阻力小。本闸阀采用与介质无接触的隐蔽式密封，取代传统的与介质有接触的外露式密封，并采用双侧特种密封元件，达到双重密封效果。

　　8. 三片阀

　　三片阀是一种平板闸门。特点是全部易磨损件集中在可拆卸的三片上，维护较方便，密封也好，寿命较长，是中高压阀门中较理想的一种。

第七节　水泵房和水仓

一、泵房分类及要求

　　矿井泵房按其在生产中所处的地位可分为主排水泵房和辅助排水泵房两类。露天矿排水有固定泵站和移动泵站两类。

　　（一）矿井主排水泵房

　　当采用卧式离心泵时，首先要决定水泵位于水仓的上方还是下方。前者靠水泵所产生的负压引水，称为吸入式泵房，或普通泵房；后者具有正压引水条件，称为压入式泵房，或潜没式泵房。从安全和控制方面看，水泵位于水仓上方并具有正压引入条件是较有利的，这可以借助低扬程（6～15 m）的立式泵来实现，称为高位正压引水泵房。

　　当采用潜水泵时，可以设潜水泵井，也可以利用钻孔直接排水。

　　1. 吸入式（普通）泵房

　　1）一般规定和要求

　　（1）主排水泵房一般设在井底车场附近，其优点是可以利用巷道坡度聚集矿坑水，有良好的新鲜风流，便于电机冷却，排水管路短，水力损失小，中央变电所设在泵房隔壁，供电线路短，离井底车场近，便于运输，井底车场被淹时，还可以抢险排水，必要时便于撤出大型设备。

　　（2）主排水泵房至少要有两个出口，一个通往井底车场，另一个用斜巷通往井筒。

　　通往井底车场的通道中，应设置既能防水又能防火的密闭门，并铺设轨道。通道断面应能搬运泵房中的最大设备。

　　通往井筒的斜巷与井筒连接处应高出井底车场轨面7 m以上，并应设置平台。该平台必须与井筒中的梯子间相通，以便人员行走。斜巷断面亦应在安装水管和电缆后能通行人员。斜巷倾角一般为30°左右，其中应设人行阶梯。

　　（3）泵房地坪一般应比井底车场轨面高0.5 m，地坪应向吸水井一侧有3‰的下坡。

　　（4）一般每台水泵有一单独的吸水井。如两台水泵共用一个吸水井，其滤水器在吸水井中的布置应符合规定要求。

　　（5）配水巷与水仓、吸水井之间应设配水闸阀。配水井和吸水井中应设人行爬梯，其上方应设起重梁或起重吊钩，井口应设活动盖板。

（6）水泵电动机容量大于100 kW 时，泵房内应设起重梁或手动单梁起重机，并铺设轨道。

（7）泵房应有良好的通风和照明。正常排水时泵房的温度不得超过 30 ℃，超过时，应采取降温措施。

（8）正常排水时，泵房噪音不得大于 85 dB。

2）泵房布置

泵房内各种装置的布置方式，主要取决于泵和管路的多少，通常情况下为减小硐室宽度，水泵一般顺轴向单排布置。如水泵台数较多（6 台以上），泵房围岩条件较好时，为缩短泵房长度，便于管理，也可双排布置。泵房的尺寸，主要根据水泵机组的外形尺寸和数量而定。

（1）水泵单排布置。

泵房长度：

$$L = nL_{jx} + L_{jk}(n + 1) + L_{gy}$$

式中　　L——泵房长度，m；

　　　　n——水泵台数；

　　　　L_{jx}——水泵机组（水泵和电机）的总长度，m；

　　　　L_{jk}——水泵机组间的净空距离，该距离应保证相邻机组工作时，能顺利抽出另一机组的电动机转子，一般为 1.5 ~ 2.5 m；

　　　　L_{gy}——隔音值班室长度，m。不需要时可取消。

泵房宽度：

$$B = B_{jc} + B_{gc} + B_{jq}$$

式中　　B——泵房宽度，m；

　　　　B_{jc}——水泵基础宽度，m；

　　　　B_{gc}——水泵基础边缘到有轨道一侧墙壁的距离，应使通过最大设备时每侧尚有不小于 200 mm 的间隙，一般为 1.5 ~ 2.0 m；

　　　　B_{jq}——水泵基础边缘到吸水井一侧墙壁的距离，一般为 0.8 ~ 1.0 m。

泵房高度：

$$H = h_1 + h_2 + h_3 + h_4 + h_5$$

式中　　H——起重机轨面至地坪的高度，m；

　　　　h_1——起重机轨面至吊钩中心的极限距离，m；

　　　　h_2——起重绳的垂直长度，水泵为 $0.8x$，电机为 $1.2x$（x 为起重部件宽度，m）；

　　　　h_3——最大一台水泵或电机的高度，m；

　　　　h_4——最大一台水泵或电机吊离基础面的高度，一般不小于 0.3 m；

　　　　h_5——最大一台水泵或电机基础面至泵房地坪的高度，m。

泵房总高度需根据起重机轨面高度及起重机安装要求确定。当设起重梁时，泵房总高度一般为 3 ~ 4.5 m。

（2）水泵双排布置。水泵双排布置泵房尺寸的计算与单排布置时完全一样，只不过宽度增加而已（约为单排布置的 1.6 倍）。两者相比，双排布置的优点是：由于泵房长度缩短一半，宽度增加，便于维护、检修；泵房内管路环形布置，可以方便水泵组合成并联运行，排水系统调度方便。缺点是硐室跨度大，底部有数条相距较近的配水仓穿过，工程施工难度大。

2. 压入（潜没）式泵房

泵房布置、尺寸、出口数量、温度、噪声和管道与井筒连接处平台标高等有关规定和要求，均与吸入式泵房相同。

优点：

（1）不受水泵吸程的限制，可以选用低吸程、无吸程或需要一定注水高度的高效率、大流量水泵，从而达到节能、减少水泵台数、缩短泵房长度、减少硐室工程量的目的。

（2）可避免汽蚀现象，提高水泵工作的可靠性，延长水泵的使用寿命。

（3）启动前不需要灌水，有利于实现水泵的自动控制；手动操作也极方便。

（4）无底阀，吸水管阻力损失小，电耗少。

缺点：

泵房低于水仓和大巷，施工出渣比较困难，积水排除不便，通风条件稍差，工程开拓费用较高。

压入式水泵房只有在矿山水文地质条件和岩石条件较好的情况下才可考虑采用。如矿井涌水量大并有突然涌水时，泵房就有被淹没的危险，故泵房前必须设置密闭的防水门、安全水仓和水泵。

（二）矿井辅助排水泵房及井底水窝

1. 辅助排水泵房

辅助排水泵站是相对于主排水泵站而言的。主排水泵站用作排除矿井的总涌水量，而辅助排水泵站则是从矿井的个别区域向主排水泵站的水仓排水。在生产实际中，辅助排水泵站常用于掘进巷道、副中段或接力排水中。辅助排水泵站的泵房布置可因地制宜，随具体情况而定，一般比较简单，不设防水门，没有斜通道和配水井等设施。泵房长、宽、高尺寸的计算与一般吸入式泵房相同。

2. 井底水窝排水

井底水窝通常设置两台流量为 $10 \sim 30 \ m^3/h$ 的小型离心泵进行排水（一台工作，另一台备用），也有采用风动潜水泵的。

1）立井井底水窝排水

当立井井底水窝较深，利用普通离心泵排水时，水泵一般设置在专用的井筒壁龛中，两台泵间的净距离一般应不小于 0.8 m，泵与硐室壁的间距应不小于 0.5 m。当井底水窝较浅，水泵吸程能够满足吸水要求时可将水泵放在马头门的巷道内。如水窝很浅（2 m 左右），可采用溢排水。如井底水窝设有专门的清理斜巷时，可将水泵设在斜巷或附近硐室中。

为保证提升设施的正常使用和维修，井底水窝最高水面距井底托罐梁、楔形罐道或井底清理平台最低点的距离不应小于 1.5 m，距钢绳罐道拉紧重锤最低点的距离一般为 2～3 m，距尾绳环形最低点的距离一般不小于 5 m。从井底水窝最高水面至水窝底部的深度一般为 5 m 左右。如井筒需要延深，则水窝深度还应进一步加深，以满足施工的要求。

2）斜井井底水窝排水

斜井井底水窝排水随提升方式（箕斗、胶带等）和撒煤清理设施的不同而不同。

（三）露天矿排水固定泵站

1. 分段截流（平盘）固定泵站

分段截流排水方式的各阶段（平盘）固定泵站，多采用普通卧式离心泵，其泵房尺寸和设备配置原则上和井下泵房相同，但屋面要视具体情况适当考虑防砸措施。

2. 井巷排水固定泵站

露天矿井巷排水固定泵站的要求与地下矿主排水泵站相同。

（四）露天矿排水移动泵站

1. 半固定泵站

半固定泵站是露天矿广泛使用的一种排水泵站。这种泵站使用普通卧式离心泵，安装简单，操作方便；其最大的缺点是，由于受水泵吸程的限制，只能在一定限度内（一般不超过 5 m）适应水位变化的要求。因此，这种泵站在一般情况下仅适合于排水量不大，服务年限较短，移动频繁的场合，而对于淹后影响较大、损失严重的多雨地区的大型露天矿不宜采用。

2. 浮船泵站

水泵船简称泵船，应用于露天矿排水的优点是不受水泵吸程的限制，水位变化幅度可达 10～35 m 或更大范围，水位变化速度可达 2 m/h。因此，多雨地区的大、中型露天矿比较适用。其缺点是泵船体积大、质量大，需要空间大，采场降段时移位比较麻烦。

二、水仓及清理

水仓是容纳矿井涌水的坑池，遇到突然断电或排水设备发生故障停止运行时，水仓可以容纳停歇期间的涌水，还起着沉淀矿井水中固体颗粒的作用。水仓应有主仓和副仓，两者起着轮换清理的作用，主泵房的主仓和副仓，必须能容纳 8 h 的正常涌水量。

矿井中的水如果含有大量悬浮物和固体颗粒，必须在水仓进口处设置专用的沉淀池。为使水泵安全运转，在水仓水沟入口处须设置滤网，对滤网每班必须清理 1 次。采用水砂充填和水力采矿的矿井，水进入水仓之前，应先经过沉淀池。水沟、沉淀池和水仓中的淤泥应定期清理，每年至少清理 2 次，在雨季以前必须清理 1 次。清理水仓的方法有很多，这里介绍两种比较有效的清洗排泥方法：

1. 射流泵和泥浆泵联合清洗排泥方法

此法利用高压水（工作压力在 3 MPa 以上）喷射流在管壁四周，形成负压，将泥浆引入泥浆管输送至泥浆池，再由泥浆泵转排至地表。它适用于吸泥距离在 60 m 以内，排泥高度在 30 m 左右。其优点为结构简单，能耗小，但泥浆管和泵的磨损较大。

2. 压气罐清理水仓，高压水排泥法

此法将压气排泥罐埋设于水仓底板上，排泥时将压气罐的钟形阀打开，泥浆靠自重流入罐内。当罐充满泥浆后，关闭钟形阀，引入压气将泥浆排至呈 45°斜坡的密闭泥仓，然后利用水泵的高压水将密闭泥仓的泥浆排至地表。

三、防水门

吸入式或压入式泵房在与井底车场相通的出入口处，应设置密闭的防水门，并使其关闭自如。防水门所承受的压力应大于或等于泵房斜通道与井筒连接处至井底车场轨面的水柱压力。防水门必须符合下列要求：

（1）防水门的施工及其质量，必须符合设计要求，闸门和闸门硐室都不得漏水。

（2）防水门硐室前、后两端，应分别砌筑小于 5 m 的混凝土护硐，硐后用混凝土填实，不得有空帮、空顶。防水闸门硐室和护硐，都必须采用高标号水泥进行注浆加固，注浆压力应符合设计要求。

（3）防水门必须采用定型设计和持有许可证的厂家制造。

（4）防水门来水一侧 15～25 m 处，应加设一道挡物算子门。防水门和算子门之间，不得停放车辆或堆放杂物。来水时先关算子门，后关防水门。如果采用双向防水门，应在两侧各设一道算子门。

（5）通过防水门的轨道、电机车架空线等必须灵活易拆，在关闭防水门时，能迅速拆除；通过防水门墙内的各种管路和安设在闸门外侧的闸阀的耐压能力，都必须与防水闸门所设计压力相一致；通过防水门墙内的电缆、管道，必须用堵头和阀门封堵严密，不得漏水。

（6）防水门必须安设观测水压的装置，并有放水管和放水闸阀。

（7）防水门竣工后，必须由矿总工程师负责组织有关部门，按照设计要求进行验收；对新掘进巷道同时建筑的防水门，必须进行注水耐压试验，水门内巷道的长度不得大于 15 m，试验的压力不得低于设计水压，其稳压时间应在 24 h 以上，试压时应有专门安全措施，并由矿总工程师批准。

（8）防水门应能在发生突然涌水时迅速关闭，防水门应向泵房外面开。

（9）防水门每年进行 2 次关闭试验，关闭防水门用的工具和零件，必须指定专门地点存放，并有专人负责保管，不得丢失挪用。

（10）防水门应建立定期检查和维修制度。检查、维修时，发现问题，及时处理。

第八节　矿山固定排水设备的要求

一、露天矿山排水设备的一般要求

（1）一般在暴雨量较小的地区，设在同一水平上的水泵，应选择同一型号规格的水泵。当"设计频率"下的暴雨涌水量较正常涌量大很多时，可以选择两种不同型号规格的水泵。

（2）正常工作水泵的能力，应能在 20 h 内排除露天采矿场内 24 h 的正常降雨量与地下涌水量之和。备用和检修水泵的能力应不小于正常工作水泵能力的 50%。所有水泵全部开动，应能在 20 h 内排除露天采场内"设计频率"下连续 24 h 最大暴雨径流量和地下涌水量之和。

（3）随开采水平不断下降的移动泵站，选泵时应考虑排水高度不断增加的要求，预留适当的富余扬程（或初期将多级泵的最后一级叶轮拿掉，或根据切削定律，初期使用较小直径的叶轮；或采取其他措施），以延长水泵的扬程服务年限，避免频繁换泵。为此，深露天矿的排水设备多分段选择，接力排水，以增加同一水泵的重复使用次数。每一分段的合理高度，应通过技术、经济比较确定，一般不大于 100 m。

（4）随开采水平不断下降的移动泵站，在降"设计频率"的暴雨时，应保证排水设备不受淹没，排水工作能正常进行。

（5）露天排水泵站的阶段（平盘）储水池（水仓）或采矿场底部的储水池容积至少应能容纳半小时的水泵排水量。

（6）采用井巷排水时的泵房布置及其附属设施应执行地下矿排水的有关规定。

（7）正常排水管径应按经济的原则选择。排除暴雨涌水量的管内流速不宜大于 3 m/s。

二、地下矿山排水设备的一般要求

（1）在雨季长、涌水量大的矿井中，井下主排水设备应由同类型 3 台泵组成，其中任意一台泵的排水能力，必须在 20 h 内排出一昼夜的正常涌水量（包括充填水及其他用水）；两台泵同时工作时，能在 20 h 内排出一昼夜的最大涌水量。当井下正常涌水量需要两台或多于两台同类型水泵才能排出时，备用水泵的能力应不少于正常工作水泵能力的50%；检修水泵可视具体情况设置 1~2 台。当井下最大涌水量超过正常涌水量 1 倍以上时，水泵台数除至少应有一台备用外，其余水泵应能在 20 h 内排除一昼夜最大涌水量。

（2）在雨季短的地区，正常涌水量不大于 50 m^3/h，并且最大涌水量不大于 100 m^3/h的矿井，主排水设备可以装设两台同类型水泵，而其中任意一台都能在 20 h 内排出矿井24 h 的正常涌水量。

（3）对涌水量大、水文地质条件复杂、有突然涌水可能的矿山，应根据情况增设水泵，或在主排水泵房内预留安装水泵的位置。必要时，应辅之以其他防治水措施，如预先疏干或局部堵水等，综合治理；或选择不怕淹的潜水泵排水。

第九节　矿山排水设备的驱动

一、工作环境对电气设备的要求

应当根据所在环境触电危险的程度，选用适当的电气设备。从触电危险的角度考虑，工作环境可分为普通环境、危险环境和高度危险环境。

（1）普通环境即触电危险性小的环境。这类环境必须是干燥的（相对湿度不超过75%）、无导电性粉尘的环境。而且，其金属物品、构架、机器设备不多，其金属占有系数——金属物品所占面积与建筑物面积之比不超过20%。

（2）凡具有下列条件之一者，均属于危险环境，即触电危险性大的环境。

①潮湿（相对湿度大于75%）；②有导电性粉尘；③金属占有系数大于20%；④炎热、高温（气温经常高于30 ℃）；⑤有泥、砖、湿木板、钢筋混凝土、金属或其他导电性的地面，水泵房即属于这类环境。

（3）凡特别潮湿（相对湿度接近100%），或有腐蚀性气体、蒸汽，或有游离物的环境均属于高度危险的环境。

选用电气设备时，除了要注意工作环境触电的危险性之外，还要注意工作爆炸和火灾的危险性。

二、电气设备的分类

（1）开启式——这种设备的带电部分没有任何防护，人很容易触及其带电部分。这种设备只用于触电危险性小，而且人不易接近的环境。

（2）防护式——这种设备的带电部分加罩或网加以防护，人不易触及其带电部分，但潮气、粉尘等能够侵入。这种设备也只宜于触电危险性小的环境。

（3）封闭式——这种设备的带电部分有严密的罩盖，潮气、粉尘等不易侵入。这种设备可用于触电危险性大的环境。

（4）密闭式和防爆式——这种设备内部与外部完全隔绝，可用于触电危险性大、有爆炸危险或有火灾危险的环境。

井下水泵房通常选用防护式电气设备。

三、对电机运行要求

电机运行时，除应当注意各部温度不超过允许温度外，还应当注意下列问题：

（1）电压波动不得太大。因为转矩与电压的平方成正比，所以电压波动对转矩的影响很大。一般情况下，电压波动不得超过 $-5\% \sim +10\%$ 的范围。

（2）电压不平衡不得太大。三相电压不平衡会引起电动机额外的发热。一般三相电压不平衡不得超过 5% 。

（3）三相电流不平衡不得太大。如果电流不平衡不是电源造成的，则可能是电机内部有某种程度的故障。当各相电流均未超过额定电流时，最大不平衡电流不得超过额定电流的 10% 。

（4）音响和振动不得太大。对于新安装的电机，同步转速 3000 r/min 的要求振动值不得超过 0.06 mm，1500r/min 的不超过 0.1 mm，1000 r/min 的不超过 0.13 mm，750 r/min 以下的不超过 0.16 mm。

（5）绕线式电机的电刷与滑环之间应接触良好，没有火花产生。

（6）三相电机不得两相运行。电机一相断电，仅剩两相运行时，容易因过热而损坏绝缘，应当立即切断电源。

（7）机械部分不被卡住。

四、电机的控制和保护装置的要求

（1）每台电机要装备一台单独进行操作的控制开关，并具备一套单独实现短路和过载保护的过电流保护装置及欠电压保护装置。

（2）使用的开关设备，必须能可靠地接通和切断电机工作电流以及故障电流。

（3）开关和保护装置必须可靠，各部分结构应完整，操作机构功能必须健全，每一单独元件上应标有电压和电流等额定值，以及能明显反映电路"通""断"的标志。

（4）电机和控制装置的金属外壳必须可靠接地或接零，且应有明显的接地标志。

（5）为了防止电火花或危险温度引起火灾，开关、插销、熔断器、电热器、照明器具、电机等均应根据需要，适当避开易燃建筑构件。

五、电气线路的安全要求

（1）要 1～3 个月对电气线路检查 1 次，并填写检查记录，备案。

（2）线路停电时间超过 1 个月以上而需重新送电前，应认真检查，并测量其绝缘电阻。

（3）导线与建筑物不得有摩擦，绝缘不能破损或脱落。

（4）导线及连接装置不得长期过热，导线的各连接点的接触是否良好，有无过热现象。

六、矿山排水设备管理的一般规定

（1）矿山电力装置应符合《煤矿安全规程》的要求。

（2）电气工作人员，必须按规定考核合格方准上岗，上岗应穿戴和使用防护用品、用具进行操作。维修电气设备和线路，应由电气工作人员进行。

（3）电气工作人员必须熟练掌握触电急救方法。

（4）在输电线路上带电作业，必须采取可靠的安全措施，并经矿总工程师批准。

（5）电气设备可能被人触及的裸露带电部分，必须设置保护罩或遮拦及警示标志。

（6）供电设备和线路的停电和送电，必须严格执行工作票制度。

（7）在电源线路上断电作业时，该线路的电源开关把手，必须加锁或专人看护，并悬挂"有人作业，不准送电"的警示牌。

（8）两个以上单位共同使用和检修输电网路时，应共同制定安全措施，指定专人负责，统一指挥。

（9）在带电的导线、设备、变压器、油开关附近，不得有损坏电气绝缘或引起电气火灾的热源。

（10）在带电设备周围，不得使用钢卷尺和带金属丝的线尺。

（11）熔断器、熔丝、熔片、热继电器等保险装置，使用前必须进行核对，严禁任意更换或代用。

（12）采场的每台设备，必须设有专用的受电开关；停电或送电必须有工作牌。

（13）矿山电气设备、线路，必须设有可靠的避雷、接地装置，并定期进行全面检查和监测，不合格的应及时更换或修复。

（14）保持设备清洁，有利于防火。设备脏污或灰尘堆积既降低设备的绝缘又妨碍通风和冷却。特别是易有火花产生的电气设备，很可能由过分脏污而引起火灾。

（15）变压器室应有良好的通风。当采用机械通风时，其送风系统不应与爆炸危险场所的送风系统相连，且供给的空气不应含有爆炸性混合物或其他有害物质。

第四部分

中级矿井泵工技能要求

第八章 基本技能及常用测量方法

第一节 设备起运吊装知识

一、起运吊装常用设备及工具

1. 常用吊装设备

常用吊装设备是各种起重机。如桅杆起重机（分独脚桅杆、人字桅杆、三角架、系缆式桅杆等）、汽车起重机（分机械传动和液压传动两种）、桥式起重机（分吊钩式、电磁吸盘式、抓斗式）、塔式起重机（分上旋式、下旋式）、门式起重机（用于车站、码头的货物装卸）。

2. 常用吊装工具

常用吊装起重索具吊具有麻绳、钢丝绳、链条、绳扣、平衡梁等。此外，吊装工具还有滑车和滑车组，与卷扬机配合进行吊装、牵引设备和重物；葫芦，分为电动葫芦和手动葫芦两种；千斤顶，分为齿条式、螺旋式、液压式；绞磨，用于起重量不大，又没有电源的场合；卷扬机，分为手摇式和电动式两种，撬棍和滚杠，用于道路狭窄，机械化设备无法通过时作短距离搬运作业。

二、起运吊装的方法

1. 起运方法

中小型设备用叉车、载重汽车起运；大型设备用平板车起运；道路狭窄、障碍物多、不便于采用机械化起运的，可使用卷扬机配合滑车进行牵引起运，作短距离起运时可用撬棍和滚杠。

2. 吊装方法

弯曲形机件的吊装，可用调节绳扣位置的方法达到吊装要求；轴类零件一般采用水平吊装；平衡要求较严格的设备吊装时，可用手动葫芦来调节平衡；大直径、薄壁件吊装前，必须采用临时加固措施以防变形；构件吊装需要在空中翻转时，要注意其稳定性，准确处理好构件重心与吊装点的位置；对于各种塔架的起吊竖立，可用支撑回转铰链扳倒桅杆法吊装。

三、起运吊装安全操作规程

（1）工作前认真检查所用设备工具是否安全可靠，并穿戴好防护用品。

（2）多人操作时应由一人负责指挥，起重工必须熟悉各种手势、旗语等联系信号。

（3）根据物件的质量、体积、形状、种类，选用适当的吊运方法。吊运时必须保持物件重心平稳，吊运大型物件必须要有明显的标志。

（4）各种物件起重前应先进行试吊，确认可靠后方可进行吊运。

（5）使用三角架时应绑扎牢靠，杆距应相等，杆脚固定牢靠，不准斜吊。

（6）使用千斤顶必须上下垫牢，随起随垫、随落随抽垫木。

（7）使用滚杠时，两端不宜超出工作底面过长，滚动时应设监护人员，人不准在重物倾斜方向一侧操作。钢丝绳穿过通道时应有明显标志。

（8）登高作业必须遵守登高作业安全操作规程。

（9）在任何情况下，严禁用人体重量来平衡吊运物体或以人力支撑物体起吊，更不允许人站在物件上同时吊运。

（10）选用的钢丝绳或链条的长度应符合要求，各分股间的夹角不能超过60°。

（11）吊运重物时，尽可能不要离地面太高，在任何情况下严禁吊运重物从人员头顶上越过，所有人员不得在重物下停留或行走，不准将重物长时间悬吊在空中。

（12）起吊重物需要下落时，严禁让其自由下落。起吊重物作平移操作时，应高出障碍物0.5 m以上。

第二节　常用测量方法及操作

一、泵轴和电动机轴的同轴度测量

当水泵和电动机一起高速旋转运行时，如果泵轴中心线与电动机轴中心线不在同一条直线上，则会引起振动和轴承发热，所以安装时必须要保证泵轴和电动机轴的同轴度。

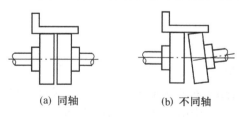

（a）同轴　　　　（b）不同轴

图8-1　用直尺检查联轴器是否同轴

保证泵轴和电动机轴同轴度的方法一般是通过检查联轴器来进行的，因为水泵的半联轴器与电动机的半联轴器的外圆是加工面，而且直径相等。图8-1所示的是利用直尺检查两个半联轴器的外圆来判断两轴中心线是否同轴。如果直尺与联轴器的外圆处处都靠得很紧没有出现缝隙，说明同轴度很好；如果与一个半联轴器靠得很紧，而与另一个靠得不紧，有缝隙，说明还不同轴。这样检查上、下、左、右4处，通过左右挪动电动机或水泵以及加调整垫片的方法，最终使两根轴中心线达到同轴。

在地脚螺栓拧紧之后，应再次用直尺检查一下同轴度，对于在离心式水泵中广泛使用的弹性圈柱销联轴器而言，如果缝隙值不超过0.1 mm，则符合要求；如果超过0.1 mm，则应重新进行调整。

用一个千分表夹持在泵的一个半联轴器上，也可以检查同轴度。如图8-2所示，把千分表表座固定在一个半联轴器上，将千分表调整到零位，转动千分表压住的半联轴器，如转动一圈后，千分表的最大跳动值不超过0.1 mm，则两轴同轴，否则就要进行上述过程的调整，直到合格为止。

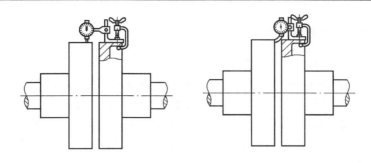

图 8－2　用千分表检查联轴器的同轴度

二、电动机温升的测量

电动机铭牌上标有额定温升，这个温升是当周围环境温度为 40 ℃时确定的。也就是说电动机各部的最高允许温度就是最高允许温升加 40 ℃时的温度。

三相异步电动机的最高允许温度是根据电动机的绝缘等级而定的，其参数值见表 8－1。

电动机轴承的允许温度：滑动轴承最高温度 65 ℃；滚动轴承最高温度 75 ℃。

表8－1　三相异步电动机最高允许温度（环境温度为40℃）　　　　　℃

电动机部位	A 级绝缘		E 级绝缘		B 级绝缘		F 级绝缘		H 级绝缘	
	最高允许温度	最高允许温升	最高允许温度	最高允许温升	最高允许温度	最高允许温升	最高允许温度	最高允许温升	最高允许温度	最高允许温升
定子线圈（转子线圈）	95	55	105	65	110	70	125	85	145	105
定子铁芯	100	60	115	75	120	80	140	100	165	125
滑　　环	100	60	110	70	120	80	130	90	140	100

注：表中数值采用温度计法测量。水泵电动机一般采用 B 级绝缘。

测量运行中电动机各部分温度的方法是：

（1）温度计法。常用酒精温度计测量，将温度计插入电动机吊装螺孔内，所测出的温度再加上 10 ℃就是电动机绕组的最高温度。

（2）热敏电阻法。将热敏电阻埋入铁芯或绕组，通过温度仪测得。

三、电动机绝缘电阻的测量

检查绝缘电阻一般用兆欧表（摇表），电动机额定电压在 700 V 以下者用 500 V 兆欧表测量，700 V 以上者用 1000 V 兆欧表测量，3000 V 以上者用 2500 V 兆欧表测量。电动机在接近运行温度（75 ℃）时，1000 V 以上高压电机定子线圈的绝缘，每千伏工作电压不应低于 1 MΩ，高压电机转子线圈和 700 V 以下低压电机定子线圈的绝缘电阻不应低于 0.5 MΩ。如电动机在测量时的温度低于 75 ℃，要求的绝缘电阻值还要乘以换算系数。换算系数在 20 ℃时为 46，25 ℃时为 32，30 ℃时为 23，35 ℃时为 16。

四、水泵电动机的干燥方法

新安装、检修后及长期停止运行的电动机，在启动前一般要进行干燥。这是因为电机纤维质绝缘具有一定的吸湿性，受潮后，电机的绝缘水平和耐压能力会大大降低，如不进行干燥就通电，会使绝缘击穿，造成短路事故。井下和地面有较大的温差，井下比较潮湿，特别是夏季水泵硐室内湿度较大，管道和硐室壁常有凝露发生。在这种情况下，正常轮换运行的水泵电动机，停运后也必须进行干燥，干燥的间隔时间，根据硐室环境、季节性及电动机密封程度来确定。

电动机干燥的方法有多种，常用以下两种，

1. 电流干燥法

将转子制动，绕线型电动机转子回路短接，对定子绕组通以 15% ~20% 的额定电压，使定子电流不超过电动机的额定电流，一般采用额定电流的 60% 左右进行干燥。例如额定电压为 6 kV 的电动机，通以 380 V 电压基本合适。

2. 灯泡干燥法

用红外线灯泡或一般白炽灯泡直接照射到电动机绕组上进行干燥，改变灯泡的瓦数即可改变干燥温度。

在主排水泵房内高压电动机最常用的是电流干燥法，简单易行，使用方便。

第九章 操 作 技 能

第一节 离心式水泵的密封及处理方法

一、离心式水泵的密封

离心式水泵内主要的密封有密封环、密封垫、填料箱（即盘根箱）等。

（1）密封环又称口环，固定在进水段叶轮口处和中段上，包括大口环和小口环，如图9-1所示。其作用是既能保证转子正常转动，又能保证有尽可能小的缝隙，以减小缝隙泄漏量，提高水泵效率。口环为多铸铁制成。

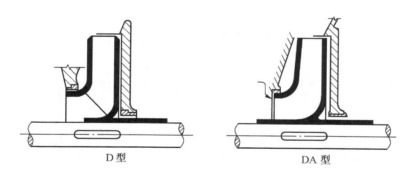

D型   DA 型

图9-1 D型和DA型泵大小口环示意图

（2）在多级泵中，为防止各级泵体的结合面发生泄漏而加的填料，称为密封垫，密封垫用的材料有纸、棉纱、石棉、软木、皮革、橡胶、合成树脂、铝和铜片等。清水泵一般用纸做密封垫，其厚度在0.3~1.5 mm。

（3）填料箱即盘根箱，装在泵轴两端轴承的里侧，用以防止空气进入或大量水的泄漏。一般水泵宜选用油浸石棉盘根，盘根的编结方式有八字形、袋形、方格形、夹心形等。在转速高的离心泵上，可选用铝箔、铅箔包的盘根。由于浸透在盘根中的润滑剂因长时间运转而渐渐消失，所以在运转中必须给以某种形式的补充，最通常的做法如图9-2所示。在内外填料的中间设置槽形环，从泵内引入高压水，一方面使盘根得到润滑和冷却，同时注入的高压水遮蔽了盘根之间及盘根与轴之间的间隙，从而使泵的内部与外部的空气完全遮断。这种防止泄漏的方法称为水封。

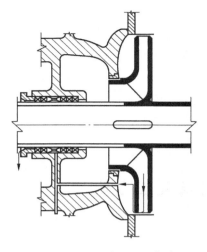

图9-2　入口填函泄漏损失

D型泵采用单列向心滚柱轴承，用O型耐油橡胶密封圈和挡水圈来防水，并防止润滑脂的漏失。

二、盘根装配时的注意事项

（1）每个盘根圈应单独地压入盘根箱，选用的盘根宽度应与盘根箱的尺寸一致，或大1~2 mm。

（2）压装盘根时，各盘根圈的接口必须错开90°~180°，一般错开120°，盘根不宜压得过紧。

（3）压装油浸石棉盘根时，第一圈及最后一圈最好压装干石棉盘根，以免油渗出。

（4）遇到盘根箱为椭圆时，应在较大的一边多加些盘根，较小的一边少加些，否则，较大的一边松，会漏水；较小的一边紧，与轴摩擦冒烟。

（5）压盖压入盘根箱的深度，一般为一圈盘根的高度，但不得小于5 mm。

（6）盘根上紧之后，压盖与盘根箱的间隙a、压盖与轴的间隙b应保持相等，避免压盖上部螺钉上得紧，造成盘根受力不均或压盖与轴摩擦。如图9-3所示。

三、盘根发热、寿命过短的处理方法

（1）盘根压得太紧，使盘根与轴发生剧烈摩擦而发热，同时增大了电动机的负荷。应将压盖松一松，此时如果漏水成线，说明压盖过松，当一滴一滴的渗水说明松紧正合适。

（2）水封环位置不对或被堵死，吸水侧盘根不能达到充分冷却，造成发热，这时应查明原因进行处理。

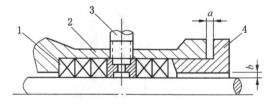

1—填料；2—填料环；3—密封水来水管；
4—填料压盖
图9-3　填料箱结构

（3）盘根箱与轴不同轴，使盘根受到偏心挤压而发热，此时应查清原因，若是安装问题可现场处理；若是制造问题，则可能要上井处理。

（4）由于泵轴弯曲或转动部分不平衡等原因产生的振动也会使盘根发热，处理方法如前所述。

四、盘根处漏水过多的处理方法

（1）盘根磨损较多，应予更换。

（2）盘根压得太松，应将压盖压紧。

（3）盘根缠法有错误，应按规定重新缠绕。

（4）泵轴弯曲、电动机轴与泵轴不同轴，造成轴偏盘根而漏水，此时应校正或更换泵轴，找正联轴器，使电动机和泵轴同轴。

（5）所排的水中有脏物或砂粒，它们通过水封环时就会对轴产生磨损。处理方法是：

修复轴，清理水井和水仓，保证所排的水无砂粒、煤粒等杂物。

第二节　阀门常见故障及处理方法

一、填料函泄漏

1. 原因

（1）填料与工作介质的腐蚀性、温度、压力不相适应。

（2）装填方法不对，尤其是整根填料盘旋放入，最易产生泄漏。

（3）阀杆加工精度或表面光洁度不够，或有椭圆度，或有刻痕。

（4）阀杆已发生点蚀，或因露天缺乏保护而生锈。

（5）阀杆弯曲。

（6）填料使用太久，已经老化。

（7）操作太猛。

2. 处理办法

（1）正确选用填料并按规范装填，并定期更换。

（2）阀杆加工要符合图纸技术要求，已经弯曲变形的阀杆要校直或更换。

（3）采取保护措施，防止锈蚀，已锈蚀的要换新。

（4）操作要注意平稳，缓开缓关，防止温度剧变或介质冲击。

二、关闭件泄漏

1. 原因

（1）密封面研磨得不好。

（2）密封圈与阀座、阀瓣配合不紧。

（3）阀瓣与阀杆连接不牢靠。

（4）阀杆弯扭，使上下关闭件不对称。

（5）关闭太快，密封面接触不好或早已损坏。

（6）材料选择不当，经受不住介质的腐蚀。

（7）将逆止阀、闸阀作调节阀使用，密封面经受不住高速流动介质的冲蚀。

（8）因焊渣、铁锈、尘土等杂质嵌入，或生产系统中有机械零件脱落堵住阀芯，使阀门不能关闭。

2. 处理方法

（1）使用前要认真检查各部分是否完好，发现问题及时解决。

（2）阀门关紧要稳，不要使猛劲，如发现密封面之间接触不好或有障碍，应立即开启稍许，让杂物流出，然后再细心关紧。

（3）选用阀体及关闭件都具有较好耐腐蚀性的阀门。

（4）有可能掉入杂物的阀门，应在阀前加过滤器。

三、阀杆升降失灵

1. 原因

（1）操作过猛使螺纹受伤。

（2）缺乏润滑或润滑剂失效。

（3）表面光洁度不够，配合公差不准，咬得过紧。

（4）阀杆螺母倾斜。

（5）材料选择不当，例如阀杆与阀杆螺母为同一材质，容易咬住。

（6）螺纹被介质腐蚀或锈蚀。

2. 处理方法

（1）关闭时不要使猛劲，开启时不要拧到上死点，开足后将手轮倒转一两圈，使螺纹上侧密合，以免介质推动阀杆向上冲击。

（2）经常检查润滑情况，保持正常的润滑状态。常开阀门，要定期转动手柄，以免阀杆锈住。

（3）材料要能耐腐蚀，适应工作温度和其他工作条件。

（4）阀杆螺母不要采用与阀杆相同的材质。

（5）提高加工和修理质量，达到规范要求。

四、阀体开裂

1. 原因

一般是冰冻造成的。

2. 处理方法

天冷时，阀门要有保温措施；停产后，应将阀门及连接管路中的水排净。

五、填料压盖断裂

1. 原因

压紧填料时用力不均匀，或压盖有缺陷。

2. 处理方法

压紧填料，要对称地旋转螺丝，不可偏歪。选择加工质量，较好压盖。

第三节　排水设备常见故障及处理方法

一、启动时水泵不上水

（1）启动时泵内没有灌满引水，水泵内的空气没有完全排除。需要重新向泵内灌水，直到打开泵上的放气塞冒水为止。

（2）因底阀漏水，虽然泵内继续灌水，但永远灌不满水。一般是底阀的阀板与阀座间有小石块或杂物卡住了，致使底阀关不严。

（3）滤水器被堵塞，虽然水泵及吸水管内都已灌水，但起动后仍不上水，这时可能发现真空表的指示要比正常情况大。

（4）吸水管漏气，吸水管接头处漏入空气或者安装真空表的地方漏气，这时可以发现压力表、真空表指针摆动厉害。

（5）吸水侧的填料箱漏气，主要原因是填料压盖压紧程度不够，填料排得松散不密，填料接头没有错开；组装填料箱时忘记放入水封圈或水封圈的位置装错，水封通孔被堵塞；或者是填料硬化。

（6）吸水高度、排水高度过大，超过泵的设计要求致使水泵不上水。

（7）泵轴旋转方向反转，这时压力表有指示，有时也能排出小量水，这是由于接线不正确，把电动机电源线三个接头中，任意调换一对，就能把方向改正过来。

二、水泵运转时负荷大或无法启动

（1）水泵启动时没有关闭闸阀，尤其是大型水泵，启动时应关闭闸阀，然后慢慢打开。

（2）水泵运转时因流量太大，使电动机超负荷。调节闸阀开度，把闸阀关小一点，以减轻电机负荷。

（3）水泵的富余扬程太多，致使流量增大。调节水泵扬程，减小富余扬程。

（4）泵轴弯曲，致使泵在运转中轴套与小密封环，叶轮与大密封环摩擦，造成运转负荷大。

（5）填料压盖压得太紧，使填料与轴套摩擦增加，致使电机负荷增大。

（6）平衡盘与平衡环摩擦。由于加工制造上的质量不合格，平衡盘装在轴上后其端面跳动太大，造成两零件局部摩擦，造成电机的负荷增大，严重时启动不起来。

（7）平衡盘与平衡环磨损过大，致使叶轮与密封环接触互相摩擦，电机负荷增大，水泵效率降低，严重时会使水泵不能启动，发现这种情况时应调整平衡板、盘之间的间隙，达到规定要求。

（8）平衡室的放水管不通，使水泵无法启动，或因轴向推力使平衡盘与平衡板直接摩擦，增大电机负荷。

（9）水泵装配质量不好，造成叶轮与中段摩擦，增大电机负荷。

（10）电源电压低造成启动困难，即使启动，在运行中电流也会增大，造成电机过载。

三、水泵在运转中突然中断排水

（1）吸水井中水位下降，底阀露出水面，空气进入泵内使排水中断。

（2）滤水器突然被堵塞。

四、水泵启动后排水量太小

（1）叶轮局部堵塞或损坏；叶轮过度磨损；大小密封环磨损，水泵泄漏量增大，发现这种情况时应排除局部堵塞、更换叶轮、更换大小密封环。

（2）排水高度过大时应降低排水高度。

（3）排水闸阀开度过小。

（4）滤水器网孔局部堵塞。

五、运转中水泵振动很大，声音不正常

（1）水泵吸入口的真空高度超过了允许的吸上真空高度，这将使水泵易产生汽蚀现象，导致泵在运转中产生振动和噪音。

（2）吸水井水位下降，底阀淹入水中的深度不够，以致水面发生旋涡，将空气带入泵内，导致水泵产生振动，同时排水流量减少。

（3）泵轴弯曲，轴承磨损，泵与电机的两联轴器不同心，这些都能使水泵产生振动。

（4）水泵和电机的地脚螺栓松动；水泵的转子部件不平衡也使水泵振动很大。

（5）安装质量不好，两联轴器不同心，重新调整电动机与水泵的同轴度，使其符合标准的要求。

六、填料箱及转子绕组发热

（1）填料压盖压得太紧，水封环装配位置不对，或水封环孔及水封管被堵塞。

（2）填料箱与轴及轴套的同心度不对，致使填料一侧周期性的受挤压而导致发热。

（3）填料压盖止口没有进入填料箱内，填料压盖孔与泵轴不同心。

（4）转子绕组过热的原因是：转子回路上接触不良，如绕组端部或中性点焊处的接触不良，上下铜条间的连线接触不良，绕组与滑环接点的接触不良；转子绕组两处接地而发生短路。发现这些情况时，应认真检查、测量和修理，使各种接触不良的部分恢复接触正常，消除短路。

第四节　离心式水泵的检修

一、离心式水泵的检修周期、工期及范围

1. 检修周期及工期（以 SH 型泵为例）

离心式水泵的检修周期及工期见表 9－1。

表 9－1　离心式水泵的检修周期及工期

性　　　质	周期/月	工期/天
大　修	24	6
中　修	6	2
小　修	2	1

2. 检修范围

1）小修

（1）滚动轴承清洗，加油和超极限轴承更换。

（2）更换轴套。

（3）更换平衡环、平衡盘。

（4）更换已磨损超限的叶轮。

（5）更换油环、挡油圈。

（6）更换密封环。

（7）检查处理漏水漏气，更换盘根。

（8）疏通水封管，调整或更换联轴器螺栓、垫圈。

2）中修

（1）包括小修全部内容。

（2）更换进排水管及其阀门、逆止阀。

（3）更换轴承座支架。

（4）更换联轴器。

（5）更换传动轴。

（6）修理或更换大小口环、轴套、盘根挡套等部件。

3）大修

（1）包括中修全部内容。

（2）更换泵体及导翼。

（3）更换泵座，基础修复。

（4）水泵全部解体、清洗更换磨损或腐蚀的机件，流道及腔室要仔细清理。

（5）除垢刷漆防腐，水压试验，技术测定。

二、水泵的装配顺序以 DA 型泵为例

（1）将密封环分别紧装在进水段和中段上。

（2）把导翼套装在导翼上，然后将导翼装在所有的中段上去。

（3）将装好的轴套甲和键的轴，穿过进水段，并推入第一个叶轮，在中段上铺上一层纸垫，装上中段，再推入第二个叶轮，重复以上步骤，将所有的叶轮及中段装完。

（4）将平衡环、平衡套及出水段导翼分别装在出水段上。

（5）将出水段装在中段上，然后用拉紧螺栓将进水段、中段和出水段紧固在一起。

（6）装上平衡盘及轴套。

（7）将纸垫装在尾盖上，将尾盖装在出水段上，并将填料及填料环、填料压盖顺次装入进水段和尾盖的填料室。

（8）将轴承体分别装到进水段和尾盖之上，并用螺栓紧固。

（9）装入轴承定位套，滚珠轴承并以螺母紧固。

（10）在轴承体内装入适量黄油，并将纸垫套在轴承盖上，将轴承盖装在轴承体上以螺钉紧固。

（11）装上联轴器部件、放气阀门及所有的四方螺塞。

拆卸按上述相反步骤进行。

三、主要零部件的磨损极限标准

（1）叶轮口环与泵体口环径向间隙不得大于 0.3 mm，间隔套和导翼衬套的间隙应为 0.3～0.5 mm，最大不超过 0.6 mm。

（2）水泵转子总成的径向跳动不应超过表9-2规定。

（3）多级水泵的轴颈磨损应不大于0.2 mm，其他部位表面应无严重冲蚀和损伤现象。

（4）水泵轴弯允许值应符合表9-3要求。

表9-2　水泵转子总成的径向跳动规定

部　位	轴	轴　套	叶　轮
径向跳动允许差值/mm	≤0.02	≤0.05	0.1～0.12

表9-3　水泵轴弯允许值

部　位	轴颈处	轴中部（1500 r/min）	轴中部（3000 r/min）
轴弯允许值/mm	<0.02	<0.1	<0.08

（5）新装叶轮应用去重法找平衡，但切去的厚度不得大于厚壁厚的1/3。高速（3000 r/min）水泵允许的剩余不平衡重不应大于8 g。

（6）平衡盘与泵的轴向间隙为1.5～2.5 mm，平衡盘及平衡环的磨损厚度不得超过轮深厚的1/2。

（7）中间隔套的磨损不得超过原壁厚的1/3，护轴磨损沟痕深度不得大于2 mm。

（8）轴瓦与轴的装配间隙应为轴孔直径的1‰～1.5‰，最大磨损限度一般为5‰。

（9）滚动轴承的径向磨损量一般不应超过0.03 mm。

四、检修要求

1. 叶轮、口环与流道

（1）叶轮、导水壳、涡旋壳等道内积存污物应当彻底清除。

（2）仔细检查叶轮吸入口与流道腐蚀情况，一般性冲蚀孔眼，用环氧树脂粘补。

（3）凡口环裂纹，叶轮表面崩裂，磨薄穿孔，吸入口严重偏磨、键槽损坏且不能修复等均要更换。

（4）新叶轮要修整光滑并做静平衡试验。

2. 轴及丝扣

（1）轴弯曲过限或补焊后均须校直。

（2）轴修复或更换后，新轴要达到设计要求。

（3）丝扣发生滑丝乱扣裂纹等应修复或更换。

3. 轴承

轴承、轴瓦出现变形、裂纹、划痕等缺陷时，应重新浇瓦或更换。

五、检修中的安全要求和规定

（1）进入现场必须穿戴劳动保护品，安全设施必须齐全。

（2）禁止乱扔任何物件，以防伤人。

（3）施工必须检查工具和索具是否牢固、安全、可靠，凡参加检修人员必须严格遵守有关安全规程。

（4）检修时所用的临时照明，要采用 24 V 以下的安全电压。若用 24 V 以上的电压时，必须采取防止直接接触及带电体的保护措施，不得乱拉电灯电线。

（5）电气设备发生故障时，必须找电工修理，不得擅自动手修理。

（6）禁止用湿手检查和操作电气设备，电气设备应保持清洁干燥，接地线保持完好。

（7）起吊物件时必须起落平稳，严禁物件摆动撞击以及在起吊物件下作业行走。

六、调试标准

（1）竣工后，检修人员应清除干净废旧备件和场地。

（2）检修人员、岗位工人、设备管理人员共同参加试车。

（3）试车期间设备出现的异常问题，经分析，属设备问题，由检修人员负责；属生产问题由生产人员负责。

（4）检修后的设备必须达到下列要求：

①达到设备技术性能；②基础稳固，各部连接螺丝紧固无缺损；③运行正常，无震动，无杂音；④无跑冒滴漏等现象；⑤滚动轴承温度不超过 65 ℃；⑥油温不超过 50 ℃。

七、交工验收及检修记录、图纸资料归档

（1）检修完毕，由检修负责人、岗位人员、有关主管单位共同验收。

（2）清点现场，回收旧件，新件返库，打扫检修场地，清除设备周围杂物。

（3）各种原始记录、图纸资料、检修记录整理齐全归档存放。

（4）办理验收手续，交付使用。

八、离心泵的检修质量标准

1. 轴

（1）水泵轴的径向跳动量允许偏差：轴公称直径 18～50 mm，跳动量允差 0.04 mm；轴公称直径 50～120 mm，跳动量允差 0.05 mm。

（2）功率大于 1500 kW 或其他特殊水泵的轴应做超声波或磁性探伤检查。

（3）泵轴弯曲度超过大口环内径与叶轮入口处径间隙的 1/2 时应校直修复。

（4）轴套和填料压盖内径的直径间隙应为（0.5～1 mm），填料压盖外径和填料箱内径的直径间隙应为 0.3～0.5 mm。

（5）水泵的轴颈磨损应不大于 0.2 mm，其他部位的表面应无严重冲蚀和损伤现象。

（6）轴与轴瓦的装配间隙应为轴孔直径的 1‰～1.5‰，最大磨损限度一般为 0.5 mm。

2. 机体

（1）水泵与电机的不同轴度。径向位移不应超过 0.08 mm，扭斜不应超过 0.2 mm/m。

（2）机体的基础螺栓要有防松装置，螺杆应露出螺母外 1～3 个螺距。

3. 键和键槽

（1）键槽中心对轴心的歪斜偏差不超过 0.03%。

（2）键槽中心对轴心的平行偏移量不得大于 0.06 mm。

（3）键槽磨损时，允许键槽尺寸加大重新配键，但加宽量不得超过原尺寸的 15%；键与键槽的配合及加工精度要符合技术规定标准。

4. 叶轮

（1）轴与叶轮内孔的配合间隙按原水泵制造规定选取，或按二级精度第二种间隙配合选取。

（2）大、小口环配合间隙。大口环内径和叶轮入口外径的半径间隙，与小口环内径和轴套外径间隙同值见表9－4。

表9－4　大、小口环配合间隙　　　　　　　　　mm

大口环内径	半径间隙	最大磨损半径间隙
80 ~ 120	0. 15 ~ 0. 22	0. 44
120 ~ 150	0. 175 ~ 0. 255	0. 51
150 ~ 180	0. 20 ~ 0. 28	0. 56
180 ~ 220	0. 225 ~ 0. 315	0. 63
220 ~ 260	0. 25 ~ 0. 34	0. 68
260 ~ 290	0. 25 ~ 0. 35	0. 70
290 ~ 320	0. 275 ~ 0. 37	0. 75
320 ~ 360	0. 3 ~ 0. 4	0. 80

（3）导水轮外径与中段的配合公差按厂家设计图选取。

（4）叶轮出口外径和导水轮入口内径的间隙应符合厂家设计标准。

（5）叶轮装在轴上，检查叶轮径向跳动量不得超过 0. 05 mm，偏摆量不得超过 0. 1 mm。

（6）叶轮如有破裂、残缺和透孔等缺陷，要及时更换。

（7）叶轮流道被冲蚀的麻窝深度不得超过 2 mm，剩余壁厚不得小于原厚度的 2/3。

（8）导水轮不得有裂纹、残缺或透孔缺陷，冲蚀深度不得超过 2 mm，剩余厚度不得超过原厚度的 2/3。

（9）平衡盘尾套外径和串水套内径的半径间隙，应为 0. 25 ~ 0. 5 mm。

（10）平衡盘密封面与轴线垂直，垂直度不大于 0. 03%。

（11）平衡盘与平衡环应进行研磨，接触面应达到 70% 以上。

（12）叶轮必须做静平衡试验，叶轮不平衡重量允许值见表9－5。

表9－5　叶轮不平衡重量允许值

叶轮直径/mm	重量/g	叶轮直径/mm	重量/g
200 ~ 300	5	500 ~ 700	15
300 ~ 400	8	700 ~ 900	20
400 ~ 500	10		

5. 联轴器

弹性联轴器端面间隙，应为设备最大轴窜量再加 2 ~ 3 mm，端面倾斜为 0. 8‰。弹性圆柱销联轴器，螺栓不得松旷，要有防松装置，胶圈的磨损量不得大于 2 mm。

6. 轴承

（1）轴承温度、滚动轴承不超过 75 ℃，滑动轴承不超过 65 ℃。

（2）轴承内注入的润滑脂不得超过轴承容量的 2/3，根据设备使用条件 3～6 个月清洗 1 次轴承，更换新油脂。

（3）滚动轴承的内圈和轴、外圈与轴承座的配合要按有关公差配合。

（4）轴承内外圈、滚子不得有缺陷。

（5）滚动轴承标准间隙及最大磨损间隙要符合要求，见表 9-6。

表 9-6　轴承标准及磨损间隙表　　　　　　　　　　　mm

轴承内径	标　准　间　隙		最大磨损间隙
	球轴承	滚子轴承	
30～50	0.01～0.02	0.05～0.07	0.10
50～80	0.01～0.02	0.06～0.08	0.15
80～120	0.02～0.03	0.08～0.10	0.20
120～180	0.02～0.04	0.10～0.12	0.25

（6）滑动轴承间隙最大不得超过 0.8 mm。

（7）轴瓦的瓦背与轴承座接触良好，既不夹帮，也不松旷，瓦背口间隙应为 0.05 mm。

（8）轴瓦刮研时接触弧面应为 90°～120°，接触面良好，运行时不发热。

7. 不漏油、水的规定

设备的固定结合面不允许有油迹，转动或滑动部位允许有油迹，但擦干后要在 5 min 内不见油，1 h 内不成滴，非密闭式转动部件的润滑油脂，不得甩到其他部件或基础上。

8. 管路

吸水管直径不得小于水泵的吸水口直径，排水管直径不得小于水泵的排水口直径，如用粗管，要用异径管相连接。吸水管的水平段向水流方向应为 5% 的向上坡度，水泵必须装设闸阀和止回阀，止回阀安装在上部。

9. 仪表及安全保护件

（1）要装有压力表和真空表，并经过校正准确。

（2）回转外露件要有防护罩。

第十章　安全文明生产

第一节　矿山防灭火

一、矿山火灾的分类与性质

矿山火灾，是指矿山企业内所发生的火灾。根据火灾发生的地点不同，可分为地面火灾和井下火灾两种。凡是发生在矿井工业场地的厂房、仓库、井架、露天矿场、矿仓、贮矿堆等处的火灾，叫地面火灾。凡是发生在井下硐室、巷道、井筒、采场、井底车场以及采空区等地点的火灾，叫井下火灾。由地面火灾的火焰或由它所产生的火灾气体、烟雾随同风流进入井下，威胁到矿井生产和工人安全的，也算井下火灾。

根据火灾发生的原因，可分为外因火灾和内因火灾两种。

（1）外因火灾（也称外源火灾），是由外部各种原因引起的火灾。

（2）内因火灾（也称自燃火灾），是由矿本身的物理和化学反应热所引起的。内因火灾的形成除矿岩本身有氧化自热特点外，还必须有聚热条件。当热量得到积聚时，必然会产生升温现象，温度的升高又导致矿岩的加速氧化，发生恶性循环，当温度达到该种物质的发火点时，则导致自燃火灾的发生。内因火灾的初期阶段通常只是缓慢地增高井下空气温度湿度，空气的化学成分发生很小的变化，一般不易被人们所发现，也很难找到火源中心的准确位置，因此，扑灭此类火灾比较困难。内因火灾燃烧的延续时间比较长，往往给井下生产和工人的生命安全造成潜在的威胁，所以防止井下内因火灾的发生与及时发现控制灾情的发展有着十分重要的意义。

二、火灾发生的原因、预防与扑灭

1. 外因火灾发生的原因

（1）明火引起的火灾与爆炸。在井下使用电石灯照明，吸烟或无意有意点火引起的火灾占有相当大的比例。电石灯火焰与蜡纸、碎木材、油棉纱等可燃物接触，很容易将其引燃，如果扑灭不及时，便会酿成火灾。

（2）焊接作业引起的火灾。在矿山地面、井口或井下进行氧焊、切割及电焊作业时，如果没有采取可靠的防火措施，由焊接、切割产生的火花及金属熔融体遇到木材、棉纱或其他可燃物，便可能造成火灾。据测定，焊接、切割时飞散的火花及金属熔融体碎粒的温度高达 1500 ~ 2000 ℃，其水平飞散距离可达 10 m，在井筒中下落的距离则可大于 10 m。特别是在比较干燥的木支架进风井筒进行提升设备的检修作业，或其他动火作业，因切割、焊接产生火花及金属熔融体未能全部收集而落入井筒，又没有用水将其熄灭，便很容易引燃木支架或其他可燃物，若扑灭不及时，往往酿成重大火灾事故。

（3）电气原因引起的火灾。电气线路、照明灯具、电气设备的短路、超负荷，容易引起火灾。电火花、电弧及高温赤热导体引燃电气设备、电缆等绝缘材料极易着火。用灯泡烘烤爆破材料或用电炉，用大功率灯泡取暖、防潮、引燃炸药或木材，往往造成严重的火灾、中毒、爆炸事故。

当用电发生超负荷时，导体发热容易使绝缘材料烤干、烧焦，并失去其绝缘性能，使线路发生短路，遇有可燃物时，极易造成火灾。带电设备元件的切断、通电导体的断开及短路现象发生，都会形成电火花及明火电弧，瞬间达到 1500～2000 ℃。井下电气线路特别是临时线路接触不良，接触电阻过高是造成局部过热、引起火灾的主要原因。

2. 内因火灾发生的原因

矿山内因火灾发生的原因主要与矿岩自燃、地质条件、矿物组分、开采条件等有关。

3. 外因火灾的预防

（1）预防明火引起火灾的措施。为防止在井口发生火灾和污风风流，禁止用明火或火炉直接接触的方法加热井内空气，也不准用明火烤热井口冻结的管道。井下使用过的废油、棉纱、布头、油毡、蜡纸等易燃物应放入盖严的铁桶内，并及时运至地面集中处理。

（2）预防焊接作业引起火灾的措施。必须在井筒内进行焊接作业时，须派专人监护防火工作。焊接完毕后，应严格检查和清理现场。在木材支护的井筒内进行焊接作业时，必须在作业部位的下面设置接收火星、铁渣的设施，并派专人喷水淋湿，及时扑灭火星。在井口或井筒内进行焊接作业时，应停止井筒中的其他作业，必要时设置信号与井口联系以确保安全。

（3）预防电气方面引起火灾的措施。井下禁止使用电热器和灯泡取暖、防潮和烤物，以防止热量积聚而引燃可燃物造成火灾。正确地选择、装配和使用电气设备及电缆，以防止发生短路和超负荷。注意电路中接触不良，电阻增加发生热现象，正确进行线路连接、插头连接、电缆连接、灯头连接等。

井下输电线路和直流回馈线路，通过木质井框、井架和易燃材料的场所时，必须采取有效的防止漏电或短路的措施。严禁将易燃易爆器材存放在电缆接头、铁道接头、临时照明线灯头接头或接地极附近，以免因电火花引起火灾。

4. 内因火灾的预防

有自然发火危险的矿井，应每月对井下空气成分、温度、湿度和水的 pH 值测定 1 次，以掌握内因火灾的特点和发火规律；有自然发火危险的大中型矿山，宜装备现代化的坑内环境监测系统，实行连续自动监测与报警；有瓦斯渗出的矿山，应加强瓦斯的监测。下井人员应携带自救器。

（1）开采方面的预防措施。开采防火要求是务使矿岩在空间上和在时间上尽可能少受空气氧化，以及出现自热区时易于封闭。开采有自然发火危险的矿床应采取以下防火措施：

①主要运输巷道和总回风道，应布置在无自然发火危险的围岩中，并采取预防性灌浆或者其他有效的防止自然发火的措施。②正确选择采矿方法，合理划分矿块，并采用后退式回采顺序。根据采取防火措施后矿床最短的发火期，确定采区开采期限。充填法采矿

时，应采用惰性充填材料。采用其他采矿方法时，必须确保在矿岩发火之前完成回采与放煤工作，以免矿岩自燃。③采用黄泥灌浆灭火时，钻孔网度、泥浆浓度和灌浆系数（指浆中固体体积占采空区体积的百分比），应在设计中规定。④尽可能提高矿石回收率，坑内不留或少留碎块矿石，工作面禁止留存坑木等易燃物。⑤及时充填需要充填的采空区。⑥严密封闭采空区的所有透气部位。⑦防止上部中段的水泄漏到采矿场，并防止水管在采场漏水。

（2）矿井通风方面的预防措施。①矿井通风应采用通风机通风，不能采用自然通风，通风机风压的大小应保证使不稳定的自然风压不发生不利影响。②结合开拓方法和回采顺序，选择相应的合理的通风网路和通风方式，以减少漏风；各工作采区尽可能采用独立并联通风，以便降低矿井总风压、减少漏风量以及便于调节和控制风流。③加强通风系统和通风构筑物的检查和管理，注意降低有漏风地点的巷道风压，严防向采空区漏风，提高各种密闭设施的质量。④为了调节通风网路而安设风窗、风门、密闭和辅扇时，应将它们安装在地压较小、巷道周壁无裂缝的位置，同时还应密切注意有了这些通风设施后，是否会使本来稳定且对防火有利的通风网路变为对通风不利。⑤采取措施降低进风风流的温度，使之符合防火规定。

（3）封闭采空区或局部充填隔离。此方法的实质是将可能发生自燃的采区封闭，隔绝空气进入，以防止氧化。对于矿柱的裂缝，一般用泥浆堵塞其入口和出口，而对采空区除堵塞裂缝外，还在通达采空区的巷道口上建立密闭墙。

5. 外因火灾的扑灭

无论发生在矿山地面或井下的火灾，都应立即采取一切可能的方法直接扑灭，并迅速报告矿调度室。区队长、班组长应按照矿井防火灾计划，首先将人员撤离危险地区，并组织人员利用现场的一切工具和器材及时灭火。火源不能扑灭时，必须封闭火区。扑灭井下火灾的方法主要有直接灭火法、隔绝灭火法和联合灭火法。

（1）直接灭火法是用水、化学灭火器、惰性气体、泡沫剂、砂子或岩粉等直接在燃烧区域及其附近灭火，以便在火灾初起时迅速扑灭。

（2）隔绝灭火法是在通往火区的所有巷道内建筑密闭墙，并用黄土、灰浆等材料堵塞巷道壁上的裂缝，填平地面塌陷区的裂隙以阻止空气进入火源，从而使火因缺氧而熄灭。进行封闭工作之前，应由佩戴隔绝式呼吸器的救护员检查回风流的成分和温度。在有害气体中封闭火区，必须由救护队员佩戴隔绝式呼吸器进行。在新鲜风流中封闭火区，应准备隔绝式呼吸器。如发现有爆炸危险，应暂停工作，撤出人员，并采取措施，加以消除。绝对不透风的密闭墙是没有的，因此若单独使用隔绝法，则往往会拖延灭火时间，较难达到彻底灭火的目的。只有在不可能用直接灭火法或者没有联合灭火法所需的设备时，才用密闭墙隔绝火区作为独立的灭火方法。

（3）联合灭火法是当井下发生火灾不能用直接灭火法消灭时，一般均采用联合灭火法。此方法就是先用密闭墙将火区密闭后，再向火区注入泥浆或其他灭火材料。

6. 内因火灾的扑灭

扑灭内因火灾的方法可分为 4 大类：直接灭火法、隔绝灭火法、联合灭火法和均压灭火法。前 3 种灭火方法与前面介绍的相同。

均压灭火法的实质是设置调压或调整通风系统，以降低漏风通道两端的风压差，减少漏风量，使火区缺氧而达到熄灭矿岩自燃的目的。

第二节 矿山人身事故紧急救护知识

一、矿工自救

1. 矿工自救教育

每一个井下工作人员都要接受自救教育，能够做到：

（1）熟悉各种事故征兆的识别方法。

（2）判断事故的地点及性质。

（3）学会自救和急救他人的方法。

（4）熟习井下巷道和安全出口。

（5）掌握与工作地点距离最近的电话位置和地面调度联系的方法。

（6）学会自救器的使用方法。

（7）一旦无法撤离灾区，熟知实行就地避难待救的措施。

2. 自救器的检查和存放

自救器是一种小型便于携带的防止有毒有害气体中毒、保护人员呼吸的器具。当井下发生意外灾害时，为了使在灾区或受灾区影响的区域内的职工免受灾害威胁而佩戴的自救器具。

自救器有两种：一是过滤式自救器，它只能在氧含量不低于18%，一氧化碳浓度不大于2%，且无其他剧毒气体的空气中使用；二是隔离式自救器，使用范围广，不受空气中氧含量的限制，可应用于一切有毒气体场所或缺氧的灾区。使用人员必须注意使用条件，否则不能达到应有的自救效果，甚至造成意外伤害。当矿井发生火灾时，处于进风侧的人员应迎着新鲜风流撤退，而处于灾区或回风侧的人员应立即佩戴自救器，按照灾害预防处理计划规定的路线撤退；当发生透水与冒顶事故后，人员被封闭在灾区，当灾区空气中含氧量不足时，也可以使用自救器自救。

（1）自救器的检查。每隔半月至一个月要对自救器的气密性进行一次检查。禁止使用漏气的自救器。

（2）自救器的存放。存放自救器的方法有3种：①发给个人随身携带，这种方式的需求量大，但使用方便、及时。②集中存入在工作场地附近的铅封箱内，并定期检查。③混合供给，对流动人员单独发放，当同一工作地点或附近地段轮流作业人员较多时采取集中存放的方式。

二、紧急救护

1. 止血

（1）指压止血法。指压止血法是在伤口的上方（近心端），用拇指压住出血的血管。此法是四肢大出血时的应急止血措施，但时间不宜过长。在用指压止血的同时，还应准备随时换用其他止血方法。

（2）加压包扎止血法。这种方法可用于全身各个部位，是最常用的有效止血法。操作时，首先用已消毒的纱布或干净的毛巾布料盖住伤口，再用绷带、三角巾或布带加压缠紧，并将肢体抬高，也可在肢体的弯曲部位加垫，然后再用绷带缠紧。

（3）止血带止血法。这种方法是利用止血带将血管压住，达到止血目的的方法。可用于四肢大出血。通常使用橡皮止血带，也可用大三角巾、绷带、手帕、布腰带等代替，但不能使用电线或绳索。利用止血带止血时，每隔 30～60 min 要放松一次止血带，如伤口仍在出血，可压迫伤口，过 3～5 min 后，再将止血带重新绑好。采取这样措施是为了防止肢体缺血坏死。上止血带前，必须先在该处衬以绷带、布块等较柔软的物品，或将止血带绑在衣服外面，以免损伤皮下神经。

上止血带后要设立标记，标记上注明上止血带的时间，以便及时放松止血带。

2. 常见机械外伤的急救原则

（1）创伤性休克。人受到强烈袭击后，身体各部脏器和组织的细胞常因供血不足而缺氧，出现低血压、脉搏快、四肢发凉、呼吸浅快、尿量减少和意识障碍等症状。这种情况是伤员早期死亡的原因之一。对这样的伤员，紧急处置的要点是：保持安静；体位平卧，或使头、脚和腿抬高 30°，以增加回流到心脏的血量；保持呼吸道畅通，防止呼吸及循环衰竭；止血、包扎伤口。

（2）颅脑伤。及时包扎伤口，如脑组织膨出时，应在其附近用纱布围好或用搪瓷碗将该处扣住后，再包扎伤口；使伤员在担架上置侧卧位，头部要用衣物挡住，以防转运途中受到震荡；对于舌根后坠的伤员，应尽快在其口腔中放入咽导管，将舌拉出并用安全别针将之固定。

（3）颈部伤。对于因颈部损伤而出血的伤员，必须立即采取止血措施。可压迫颈总动脉或对侧上肢用支架做加压包扎。同时请医生进行急救。

（4）腹部伤。对于腹部创伤的伤员，在包扎伤口后，及时转送医院治疗。如有脏器膨出体外，不要将之送回，而应将之围好，或用搪瓷碗盖上后再包扎。转送伤员途中，使伤员置仰卧位，膝下垫高，腹壁松弛。对于内出血严重的伤员，还应尽早进行抗休克治疗。

（5）肢体断离伤。首先利用止血带在肢体近心端进行止血，然后再根据其他症状，进行必要的抢救；对于断离的肢体，要用消毒的或清洁的敷料包好，使其在不受热的情况下，尽快提前送往医院，以便实行再植手术。

3. 中毒与窒息伤员的急救

井下爆破后，因通风不良可能生成和积聚有毒有害气体，造成人员的中毒和窒息。在抢救这类伤员时，必须佩戴可靠的呼吸器。只有通过气体分析，证明空气成分正常后，方可取下呼吸器的口具。

（1）井下中毒者急救应尽快将中毒者从险区救出，送往地面和新鲜风流中。为避免中毒者继续吸入有毒气体，应为中毒者佩戴呼吸器或自救器；清除中毒者口鼻中的异物，解开其上衣和腰带，脱掉胶鞋。

（2）对于窒息性的伤员，除采取上述措施外，还要注意对于昏迷的伤员，取侧俯卧位，使其口中分泌物流出，将舌拉出口，以防舌后坠影响呼吸；当窒息伤员出现脉搏微弱、血压下降等循环衰竭症时，需请医务人员为之及时注射强心与升压药物，情况好转后，迅速送往医院。

4. 触电伤员的急救

（1）立即切断电源或将伤员从电源移开，使伤员尽快脱离电源。

对于低压触电事故，可采用下列方法使触电者脱离电源：

①如果触电地点附近有电源开关或电源插销，可立即拉开开关或拔出插销，断开电源。但应注意到拉线开关和墙壁开关只能控制一根线，有可能只能切断零线，而不能断开电源。②如果触电地点附近没有电源开关或电源插销，可用有绝缘柄的电工钳或有干燥木柄的斧头切断电线，断开电源；或用干木板等绝缘物插入触电者身下，以隔断电流。③当电线搭落在触电者身上或被压在身下时，可用干燥的衣服、手套、绳索、木板、木棒等绝缘物作为工具，拉开触电者或挑开电线，使触电者脱离电源。④如果触电者的衣服是干燥的，又没有紧缠在身上，可以用一只手抓住他的衣服，拉离电源。因触电者的身体是带电的，其鞋的绝缘也可能遭到破坏，救护人不得接触触电者的皮肤，也不能抓他的鞋。

对于高压触电事故，可采用下列方法使触电者脱离电源：

①立即通知有关部门停电。②戴上绝缘手套，穿上绝缘靴，用相应电压等级的绝缘工具拉开开关。③抛掷裸金属线使线路短路接地，迫使保护装置动作，断开电源。注意抛掷金属线前，先将金属线的一端可靠接地，然后抛掷另一端。注意抛掷的一端不可触及触电者和其他人。

上述使触电者脱离电源的办法，应根据具体情况，以快为原则选择采用。在实施过程中，要遵循以下注意事项：

①救护人不可直接用手或其他金属或潮湿的物件作为救护工具，而必须使用绝缘的工具。救护人最好用一只手操作，以防自己触电。②防止触电者脱离电源后可能的摔伤。特别是当触电者在高处的情况下，应考虑防摔措施。即使触电者在平地，也要注意触电者倒下的方向，注意防摔。③要避免扩大事故。如触电事故发生在夜间，应迅速解决临时照明问题，以利于抢救。

（2）将伤员救下后，应将之移至新鲜风流处，如伤员伤势不重、神志清醒，但有些心慌、四肢发麻、全身无力；或者伤员在触电过程中曾一度昏迷，但已清醒过来，应使触电者安静休息，不要走动，严密观察，并请医生前来诊治或送往医院；如伤员呼吸困难或已停止呼吸，应使之平卧，为其打开衣领及裤带，尽快进行人工呼吸。

（3）如伤员心音微弱或心脏已停止跳动，应立即进行胸外心脏挤压，这一工作应坚持到心脏恢复跳动或心脏停止跳动 4h 之后。

（4）对呼吸与心跳停止的伤员，应同时做人工呼吸和心脏挤压，并注射抢救药物。

（5）对于局部电击伤口，应早作清创处理，但不宜包扎，以免腐烂和感染。

（6）电击伤常造成深部组织坏死，较一般热烧伤更易引起破伤风，必须及时注射破伤风抗菌素。

（7）对于电击伤员，还应检查有无其他损伤，以便及时进行相应处理。

5. 井下水灾伤员的急救

（1）在井下发现遇难时间较长的人员时，不要用强光束直射他们的眼睛，以防瞳孔的急剧收缩，形成眼疾。

（2）将受难人员抬离险区后，不要改变其已适应了的条件，不宜将之立即送往地面，可在井下安全地点进行急救。

（3）对于溺水者，要以最快的速度清除其口鼻中的异物，尽快挤出其体腔内的积水。挤水时，可用衣物垫在溺水者的肚子下面，或将溺水者放在救护者的大腿上，腹部与大腿接触，面部向下，同时，推压其背部。

（4）挤水后，或挤水效果不理想时，应对溺水者改作俯卧压背或人工呼吸或口对口吹气，有条件时，可向气管内插管输氧。

（5）如溺水者心跳不正常或已停止跳动时，应在人工呼吸的同时，进行胸外心脏挤压，并注射抢救药物。

（6）当溺水者苏醒后，应饮用少量热茶或姜汤，以防感冒。为避免患肺炎，还要注射抗菌素。

6. 矿山火灾烧伤急救

火灾烧伤程度与烧伤面积、深度及部位有关。如烧伤面积小于10%，浅层而非头颈部、呼吸道等部位，烧伤属轻度，否则为重度。对重度伤员应注意早期休克的观察，简单包扎（必须用清洁纱布）后要及时接受抗休克、补液等医疗急救措施，这对挽救生命及今后创面愈合有重要意义。

三、急救机构

每一矿区起码应有二级急救机构，并应符合下列要求：

（1）第一级急救机构为井下急救站和地面井口保健站。急救员接到呼救通知后，应立即做好准备，奔赴现场急救。井下急救站应设在井下调度站附近的硐室内。站内必须有急救电话、小型供氧设备以及为通畅呼吸道、包扎、止血、固定等必需的急救设备和药品。站内还应设有井下急救车、担架或其他运送伤员的工具。井口保健站应设急诊抢救室，装备复苏器械、麻醉机、抗休克裤、充气止血带等急救器材和急救药品。

（2）第二级急救机构为矿医院。医生随时应召奔赴现场参加抢救。危重伤员尽可能在矿区医院抢救，先救后运送，伤情不稳定不转院。

四、急救人员素质要求

（1）急救人员要掌握常见外伤、休克的检查、诊断，外伤急救复苏术和抗休克等院前急救技术，并须做到先抢救后运送。重伤员必须以最快速度由急救员护送到抢救地点，任何环节都不得延误护送。

（2）井下急救员应有初中以上文化程度和井下实践经验、经过培训后能掌握基本急救知识和救护技术的工人担任。

（3）伤害事故发生后，现场人员立即进行初级急救，并按正确方法运送，防止造成继发性损伤。

（4）井口保健站及井下急救站必须有足够数量的急救人员轮流值班。

第三节　矿山职工素质要求

矿山企业对职工有如下要求：

（1）矿山企业职工必须热爱矿山，自觉遵守有关矿山安全的法律、法规和企业规章制度。

（2）矿山企业职工有权对危害安全的行为，提出批评、检举和控告。

（3）矿山职工必须年满18周岁；矿山企业不得录用未成年人从事矿山井下劳动；按照国家规定，对女职工实行特殊劳动保护，不得分配女职工从事矿山井下劳动。

（4）矿山企业职工要求初中以上文化程度，能独立学习和掌握技术知识，胜任本职工作，并在此基础上，努力钻研业务，不断提高自身素质，成为有知识、有文化、有技术的社会主义新型矿工。

（5）新工人入矿前，必须进行身体健康检查，不适合井下作业的不得录用。

有下列病症者，不得从事粉尘作业或井下作业：①各种活动性肺结核或活动性肺外结核；②上呼吸道或支气管疾病严重，如萎缩性鼻炎、鼻腔肿瘤、气管喘息及支气管扩张；③显著影响肺功能的肺脏或胸膜病变，如肺硬化、肺气肿、严重胸膜肥厚与粘连；④心、血管器质疾病，如动脉硬化症，Ⅱ、Ⅲ期高血压症及其他器质性心脏病；⑤经医疗鉴定，不适于粉尘作业的其他疾病。

有下列病症者，不得从事井下作业：①风湿病（反复活动）；②癫痫症；③精神分裂症；④经医疗鉴定，不适合从事井下作业的其他疾病。

（6）血液常规检查不正常者，不得从事放射性矿山的井下作业。

（7）矿井泵工除上述要求外，还要求双目视力均在0.8（对数视力表）以上（包括矫正视力），无妨碍操作泵的疾病或生理缺陷。

（8）矿井泵工必须责任心强，牢记安全技术操作规程及相关的机电设备维护规程，熟练掌握泵的各种技术性能、操作要求及维护保养知识，具有独立上岗的能力。

（9）矿井泵工要熟练掌握泵房防水、防火设备的使用、维护方法及避灾路线，一旦发生事故，能熟练运用救灾设备减小灾情并使用自救器自救。

第五部分

高级矿井泵工知识要求

第十一章 相 关 知 识

第一节 机械零件的磨损与润滑

一、磨损过程与磨损形式

物体表面的物质在相对运动中不断耗损的过程称为磨损。机械零件磨损的主要原因是它们在相对运动时出现的摩擦。磨损不仅会造成材料的消耗，更重要的是会改变零件原来的尺寸和几何形状，配合间隙发生变化导致零件强度的降低和配合性质改变，从而直接影响机器的正常运转和使用寿命。因此研究磨损的本质并由此找到减小磨损的方法成为工程上的一个十分重要的问题。

1. 磨损过程

机械零件的正常磨损过程一般分为三个阶段，即"跑合"阶段、稳定磨损阶段和剧烈磨损阶段。

（1）"跑合"磨损阶段（也称磨合阶段）。机器刚开始运转时，零件粗糙的摩擦面造成实际接触面积较小，因而凸峰与凸峰的接触应力较大，磨损较快。随着运转的进行，摩擦表面逐渐磨平，实际接触面积不断增大，磨损速度减小。

（2）稳定磨损阶段。经过"跑合"阶段，摩擦表面的实际接触面积增大，摩擦面上的凸峰因塑性变形而冷作硬化，使摩擦面建立了弹性接触的条件，黏着点大大减少，从而使磨损速度稳定下来，磨损量与时间成正比。

（3）剧烈磨损阶段。由于长期磨损，使得摩擦条件发生质的变化，例如配合间隙过大、温度急剧升高、金属组织发生显著变化等，于是磨损速度加快，进入剧烈磨损阶段。

通过以上分析可知，为了保证机器正常运转，延长其使用寿命，应该设法延长稳定磨损阶段，推迟剧烈磨损阶段的出现，为此，必须研究磨损的形式及其特点，以便采取措施。

2. 磨损形式

根据破坏的机理不同，磨损大致可分为黏着磨损、磨料磨损、表面疲劳磨损和腐蚀磨损4种。

（1）黏着磨损。摩擦副相对运动时，摩擦面上的黏着点被撕裂，使一个表面上的材料转移到另一个表面上或脱落下来，这种现象称为黏着磨损。黏着磨损是一个黏着—撕裂—再黏着的循环过程。当接触的表面材料太软、接触压力过大或润滑条件差时，会加快黏着磨损。

（2）磨料磨损。硬的颗粒或突起物在摩擦过程中引起材料脱落的现象称为磨料磨损。

硬颗粒可能是磨损产生的金属磨屑、由摩擦面上脱落下来的氧化膜、零件表面材质中的坚硬成分或铸件上的夹砂，也可能是由外界进入机器内部的硬粒物质。

（3）疲劳磨损。两接触面在作滚动或滚动兼有滑动的复合摩擦时，在交变接触应力作用下，使材料因表面疲劳而产生物质损失的现象叫表面疲劳磨损。物体在滚动接触过程中，表面层在外部载荷作用下产生塑性变形，导致表层硬化，出现初始裂纹，随后裂纹由表面向内部发展，润滑油楔入裂纹中，当滚动物体接触到裂纹的裂口时，裂纹口被封住，里面的润滑油受到挤压而对裂纹内壁产生巨大的压力，迫使裂纹继续发展。经过交变载荷后，裂纹发展到一定深度，并呈悬臂状态，最后裂纹折断，表面上形成痘斑状凹坑，这在机械中也叫点蚀。齿轮副和滚动轴承最容易出现表面疲劳磨损。

（4）腐蚀磨损。在摩擦过程中，金属与周围介质发生化学或电化学反应产生物质损失的现象称为腐蚀磨损。根据和摩擦面起化学反应的介质不同以及介质的作用方式不同，腐蚀磨损可分为氧化磨损、特殊介质腐蚀磨损（酸、碱、盐的腐蚀）、微动腐蚀磨损与气蚀。由于金属表面极易与氧化物介质发生反应，所以氧化磨损是最常见的一种腐蚀磨损。发生氧化磨损时摩擦面生成松软多孔且易于脱落的氧化膜，旧的氧化膜脱落后，表面又会生成新的氧化膜，使表面不断磨损。在机械零件中，曲轴轴颈和铝合金零件容易发生此类腐蚀磨损。

在机器设备运转中，往往是几种磨损相互伴随发生的，但总有一种磨损形式起主要作用，找出主要磨损形式，并且采取有效措施，可以延长机械零件寿命。

二、影响磨损的因素

1. 润滑

良好而合理的润滑能减轻各种形式的磨损，因为不论哪种磨损，都随摩擦力的增大而加剧，摩擦面间的充分润滑能够大大减小摩擦力，因而可以有效地减轻磨损。

在液体润滑时，具有一定承载能力的流动油膜将摩擦面完全隔开，使之不会出现黏着点，避免了黏着磨损。由于摩擦面相隔较远，带入油中的磨料不易起作用，因而减轻了磨料磨损。附着在摩擦面上的油膜还在一定程度上阻止了磨损面与其他介质的化学反应，减轻了腐蚀磨损。油膜的存在还可以使摩擦面间的接触应力均匀分布，从而能减轻疲劳磨损。在边界润滑时，由于摩擦面上存在具有一定强度的边界膜，所以也具有减轻各种磨损的作用，但边界膜的厚度较小，强度也较低。当边界膜破坏时，摩擦面会直接接触发生干摩擦，各种磨损随之加剧，因此边界润滑的效果不如液体润滑。

2. 摩擦副的材质

异种金属组成的摩擦副比同种金属组成的摩擦副的抗黏着磨损能力强，金属与非金属组成的摩擦副比金属摩擦副的抗黏着磨损能力强。因此，滑动轴承一般采用钢轴与铜瓦、巴氏合金瓦或尼龙瓦配对。金属的硬度越大，其抗磨料磨损的能力越强，但在重载的情况下，应首先考虑材料的韧性，再考虑材料的硬度，以防止发生折断。对于以滚动或滚动—滑动方式工作的摩擦副，应选用抗疲劳磨损的材料，例如轴承钢或渗碳钢。根据摩擦时出现的主要磨损形式来选择摩擦副的材质是十分重要的。

3. 零件表面的处理

一般说来，减小表面粗糙度可以增强零件的抗黏着磨损和抗疲劳磨损的能力。但粗糙度太低，由于表面分子吸引力增大，摩擦系数增加，而且润滑剂不易贮存于摩擦面间，这样会使黏着磨损增大，同时，它的抗疲劳磨损能力不再有明显的效果。

对零件表面进行热处理（淬火、渗碳、渗氮等）或机械强化冷作处理（喷铁丸、滚压等）可以有效地提高零件的耐磨性，延长它的使用寿命。

4. 工作条件

工作条件主要指摩擦面的接触应力（单位面积上的作用力）、相对运动的速度、工作温度以及环境条件等。过大的接触应力、过高的运动速度和工作温度都有可能使流动油膜或边界膜破坏，加快零件的磨损。恶劣的环境条件会使较多的矿尘、污物以及金属粉末进入机器内，加剧磨料磨损，因此要求有完善的密封防尘措施。

5. 机器的保养

严格执行机器的安装、运转操作规程和定期的维护检修制度，是减轻磨损，提高寿命的有效措施。例如经常保持机器内润滑剂的纯净和适量，保证摩擦副之间的配合间隙适当，及时更换已磨损失效的零件，使密封防尘装置处于完好状况等，都是保养机器的重要方面。

三、液体润滑

液体润滑分为动压润滑和静压润滑。

1. 动压润滑

油液通过楔形间隙时，由于摩擦副的相对运动产生液压动力作用将摩擦面分开，实现液体摩擦，这种润滑方法称为液体动压润滑。实现液体动压润滑的必要条件：

（1）轴颈应具有足够的转速。转速愈高，油楔的速度愈大，获得的动能愈大，因而油液压力愈高，油膜的承载能力愈大。滑动轴承在起动和停止时，不能形成完全的液体润滑，原因就在于转速不够。

（2）油液应具有一定黏度。黏度是油液在轴颈带动下流动，获得动能的内因，如果供入楔形间隙中的液体黏度很小，尽管轴颈转得很快，它也不可能很快地流动，因而获得的动能很小，液膜形不成压力，承载能力很小。当然也不是黏度越大越好，因为黏度太大时，虽然可以增加承载能力，但克服内摩擦力的能量消耗也随之增大，不仅造成了浪费，而且会使温度过高。正确的做法是，在保证要求承载能力的前提下，尽可能选低黏度的油，转速愈高，需要油的黏度愈小，转速愈低，需要油的黏度愈大。

（3）在轴颈与轴瓦表面间应具有适当的间隙。减小间隙可以增强"油楔效应"，从而增大油膜的承载能力，此外还可提高轴颈的旋转精度。但减小间隙受到轴承表面加工精度、轴承温升以及最小油膜厚度的限制。

2. 静压润滑

在液体动压润滑时，油膜的承载能力与摩擦副的相对运动速度有很大关系，当速度不够时，不能形成完全的液体润滑，即使是设计很周密的动压润滑，在机器的起动和停车阶段，也避免不了这种情形。如果摩擦面的承载油膜不是由本身的运动所产生，而是由外部通过压力源（液压泵）向摩擦面间隙供入压力油液产生，则称为液体静压润滑。

液体静压润滑的优点是有高的运转精度、较小的磨损、低的起动和停止摩擦、高的承载稳定性。缺点是需要附加设备，因而价格较高。

3. 润滑剂的其他作用

润滑剂除了用于减小摩擦面的摩擦和磨损，提高零件的使用寿命外，还有其他一些作用，它们都不同程度地影响到润滑作用的实现。

（1）冷却作用。机件运转时，因摩擦而消耗的机械能转化为热能，引起摩擦面温度升高，摩擦阻力越大，温度升高越剧烈。用润滑油润滑时，一方面降低了摩擦阻力，因而摩擦面温升较小，另一方面，润滑油还将热量带到温度较低的机件或带回到供油装置中，从而进一步减少了温升，起到冷却作用。

（2）冲洗作用。润滑油流动中，能将间隙中的金属屑或其他硬粒杂质冲走，将它们带回油箱或滤油器中，从而减小摩擦面的磨料磨损。

（3）密封作用。润滑油通过狭小间隙时要克服很大阻力，可以形成所谓"间隙密封"，例如在液压元件中，柱塞与缸孔间的密封便属于这种情况。

（4）减振作用。液体的可压缩性比固体大些，所以油膜具有吸收一定振动的作用。

（5）卸荷作用。作用在摩擦面上的负荷，通过油膜可以均匀地作用于摩擦面，油膜的这种作用叫做卸荷作用。局部出现干摩擦时，由于尚存的油膜仍能承担部分或大部分负荷，所以作用于干摩擦点的负荷较缓和。

第二节　机械传动基础

一、联轴器

联轴器可分为刚性连接和弹性连接两类。刚性联轴器传递准确的传动比，但由于没有弹性元件，在传递扭矩的同时也传递冲击。固定式刚性联轴器对两轴的同轴度要求较高，否则将在联轴器及其连接的零部件中产生很大的附加应力；可移式刚性联轴器由于中间刚性零件的移动，容许两轴间有一定的不同轴度。弹性联轴器由于具有弹性的中间元件，能靠弹性元件减轻被动轴的载荷变动和冲击，也能补偿由于制造、装配和工作时轴的变形所引起两轴间的不同轴度。

二、轴承

轴承是支承轴颈的部件，有时也用来支承轴上的回转件。根据轴承工作的摩擦性质，可分为滑动轴承和滚动轴承。滑动轴承根据支承轴颈的油膜形成方式，又可分为动压滑动轴承和静压滑动轴承。如果根据作用在轴承上力的方向分类，作用在轴承上力与轴的中心线方向一致，称为推力轴承；作用在轴承上力与轴的中心线垂直，称为向心轴承。

（一）滑动轴承

滑动轴承由于其工作平稳、可靠，无噪声，承载能力大，在煤矿得到广泛应用。

1. 滑动轴承的摩擦状态

用润滑油润滑的滑动轴承，其滑动表面可能出现的摩擦状态有4种，如图11-1所示。

（1）干摩擦。滑动轴承如果严重缺油，轴瓦和轴颈两摩擦表面直接接触，称为干摩擦。干摩擦的摩擦阻力大，磨损严重，十分有害，在使用过程应力求避免。

（2）液体摩擦。两摩擦表面被一液体层完全隔开，摩擦性质取决于流体内部分子间黏性阻力，该摩擦称为液体摩擦。对于滑动轴承黏度高的润滑油易于形成承载油膜，摩擦系数很小，一般为 0.001 ~ 0.008。液体摩擦是一种难以实现的理想状态。

（3）边界摩擦。两摩擦表面被吸附在表面的边界膜隔开，摩擦性质不取决于润滑油的黏度，而与边界膜和表面的吸附性质有关，称为边界摩擦。边界摩擦系数一般为 0.1 ~ 0.3。

（4）混合摩擦。在实际使用中两摩擦表面往往处于干摩擦、边界摩擦、液体摩擦的混合状态，称为混合摩擦。混合摩擦的摩擦系数变动范围较大，通常为 0.01 ~ 0.1 左右。

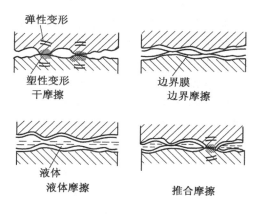

图 11 - 1　摩擦状态

2. 滑动轴承承载油膜的形成

（1）动压滑动轴承承载油膜的形成。动压滑动轴承承载油膜是在轴颈转动过程中自然形成的。图 11 - 2 为承载油膜的形成过程。由于轴颈和轴承之间总是有间隙存在的，在轴开始启动时，如图 11 - 2a 所示。随着转速逐步升高，轴颈沿轴承内壁上爬，润滑油被轴颈由大口往小口带，此时轴颈和轴瓦不时发生表面接触摩擦，如图 11 - 2b 所示。当转速足够高时，带入到摩擦面间的油量充足，油压相应升高，形成楔状承载油膜，将作用着力 F 的轴颈抬起，如图 11 - 2c 所示。

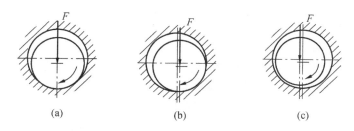

| (a) | (b) | (c) |

图 11 - 2　承载油模的形成过程

（2）静压滑动轴承承载油膜的形成。外部供油装置将一定压力的润滑油通过节流元件送入摩擦面之间，强制形成油膜，全部载荷由油膜上的液压力平衡。当载荷不变时，压力油不断从节流间隙泄出，又不断得到补充。当载荷变化时，油膜厚度的变化规律不仅与载荷有关，而且和流量补偿的性能有关。如果流量补偿随时和流出量相等，油膜厚度不变，油膜刚度就无限大，但这种情况不易实现。如果流量补偿跟不上排出量，油膜厚度将随着载荷增大而减小，图 11 - 3 为静压滑动轴承承载油膜的形成原理。

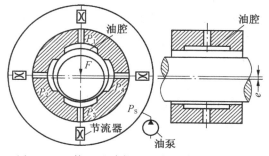

图 11 - 3　静压滑动轴承承载油膜的形成原理

由于静压油膜与轴的转速无关，刚度大，因此静压滑动轴承适用于极高速至极低速范围。在正常使用情况下，启动、工作和停止时，始终不会发生金属直接接触，使用寿命长，精度保持性好。同时，静压滑动轴承运转精度高，承载能力较动压滑动轴承高。

3. 向心滑动轴承的主要类型

常用的向心滑动轴承有整体式和剖分式两大类。

（1）整体式轴承。图 11 - 4 是一种常见的整体式向心滑动轴承，轴承座为一整体，轴承孔内压入用减摩材料制成的轴套，轴套上开有油孔，在内表面上开有油沟以输送润滑油。

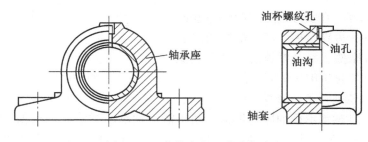

图 11 - 4　整体式向心滑动轴承

整体式轴承构造简单，常用于低速、载荷不大的间歇机构。但整体式轴承无法调整轴承间隙，轴安装困难。

（2）剖分式轴承，如图 11 - 5 所示。轴瓦是轴承直接与轴颈相接触的零件，在轴瓦内壁上设有油沟，润滑油通过油孔和油沟流进轴承间隙。

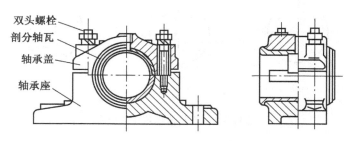

图 11 - 5　剖分式向心滑动轴承

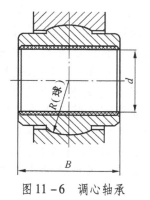

图 11 - 6　调心轴承

如果轴承宽度与轴颈直径之比大于 1.5 时，轴瓦外表面作成球状，与轴承盖及轴承座的球面相配合，轴瓦可以自动适应轴颈在轴弯曲时产生的偏斜，如图 11 - 6 所示。

4. 轴瓦材料和结构

轴瓦是轴承中直接与轴颈接触的部分，轴瓦的工作面既是直接承受载荷的表面，又是摩擦表面，所以滑动轴承的承载能力主要取决于轴瓦的材料和结构。

1）轴瓦材料

对轴瓦材料的主要要求：①跑合性好，以便能在运转初期消除加工中产生的表面不平度，形成光滑的摩擦表面；②减摩性好，即材料具有较低的摩擦系数；③耐磨性好，即材料抵抗磨损的性能好。此外，还要求具有良好的耐腐蚀性，导热性，黏结性，并要成本低和易于加工。符合这些要求的材料有3大类：①金属材料，如轴承合金，青铜等；②粉末冶金材料，如含油轴承；③非金属材料，如塑料等。现将常用的几种材料的特点分述如下：

轴承合金，又称巴氏合金，是锡（Sn）、铅（Pb）、锑（Sb）、铜（Cu）的合金的总称。它以锡或铅作基体，悬浮锑锡（Sb—Sn）及铜锡（Cu—Sn）的硬晶粒。硬晶粒起抗磨作用，软基体则增加材料的塑性。硬晶粒受重载时可以嵌陷入软基里，使载荷由更大的面积承担。它的主要缺点是熔点低，机械强度差，价格较贵，因此通常将它浇铸在其他金属上。

轴承青铜，其中以铸锡锌铅青铜最普通，广泛用于一般轴承。铸锡磷青铜是一种很好的减摩材料，减摩性和耐磨性都很好，机械强度也较好，适用于重载轴承。

含油轴承，它是一种粉末冶金材料，具有多孔组织，采取适当措施可使所有细孔充满润滑油。常用的含油轴承有铁—石墨和青铜—石墨两种。

2）轴瓦结构

剖分轴瓦的结构如图11－7所示，为了改善轴瓦表面的摩擦性质，常在其内表面上浇铸一层或两层减摩材料（图11－8），通常称为轴承衬，所以轴瓦又有双金属轴瓦和三金属轴瓦。

图11－7　剖分轴瓦　　　　　　　　图11－8　浇铸轴承合金的轴瓦

轴瓦上的油孔用来供应润滑油，油沟则用来输送和分布润滑油。图11－9是几种常见的油沟。轴向油沟也可以开在轴瓦剖分面上（图11－10）。油沟的形状和位置影响轴承中油膜压力分布情况。润滑油应该从油膜压力最小的地方输入，油沟不应该开在油膜承载区间，否则会降低油膜的承载能力，轴向油沟不应开通，以免润滑油少量流失。

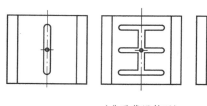
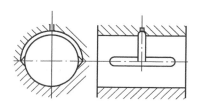

（非承载区轴瓦）

图11－9　油沟　　　　　　　　　　图11－10　开在轴瓦剖分面上的油沟

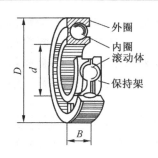

图 11-11 滚动轴承
（球轴承）的构造

（二）滚动轴承

（1）滚动轴承的基本结构。滚动轴承通常由内圈、外圈、滚动体和保持架 4 部分组成，如图 11-11 所示。保持架的作用是将滚动体彼此隔开，使它沿圆周方向均匀分布。内圈与轴颈配合，外圈与轴承座配合。工作时，内圈随轴颈旋转，外圈不转。滚动体有球、圆柱、圆锥和滚针等多种。

（2）滚动轴承的优缺点。滚动轴承的优点：①摩擦系数比滑动轴承小，功率损耗少，效率高；②滚动轴承已标准化，使用时可直接装配；③滚动轴承轴向宽度比滑动轴承小，可使机器轴向机构紧凑；④有些滚动轴承可同时承受轴向和径向载荷，这就简化了轴承组合机构。滚动轴承的缺点主要有：①承受冲击载荷能力差；②运转不够平稳，有震动；③不能剖分，只能轴向装配；④径向尺寸比滑动轴承大。

三、连接

从拆开是否需要把连接零件或被连接件毁坏来看，连接分为可拆的和不可拆的两大类。可拆连接，如螺纹连接、键及花键连接、销连接等；不可拆连接，如铆接、焊接、粘接等。过盈连接可做成可拆的或不可拆的。

1. 螺纹连接

螺纹连接是用螺纹零件构成的可拆连接，应用很广。根据螺纹母体形状，螺纹分圆柱螺纹和圆锥螺纹。根据牙型，分三角形、矩形、梯形、锯齿形（图 11-12）以及其他特殊形状。三角形主要用于连接，矩形、梯形和锯齿形主要用于传动。根据螺旋线方向，螺纹又分左旋和右旋，一般用右旋。螺纹还分单线、双线等，连接多用单线。

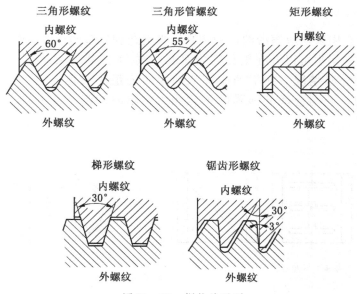

图 11-12 螺纹的牙形

2. 键及花键连接

键和花键主要用于轴和带毂零件（如齿轮、蜗轮等），实现周向固定，以传递扭矩的轴毂连接，其中，有些还能实现轴向固定以传递轴向力，有些则能构成轴向动连接。

3. 过盈连接

根据构造和工作原理不同，过盈连接分为两大类。

第一类利用两个被连接件本身过盈配合来实现，靠摩擦传递载荷，如图 11 − 13 所示。

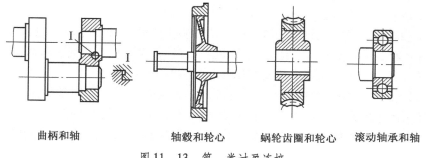

曲柄和轴　　　　轴毂和轮心　　　蜗轮齿圈和轮心　　滚动轴承和轴

图 11 − 13　第一类过盈连接

第二类利用扣紧板或环等辅助零件来实现，直接靠零件的变形来传递载荷，如图 11 − 14 所示。

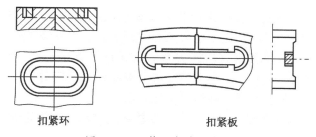

扣紧环　　　　　　　　　扣紧板

图 11 − 14　第二类过盈连接

本文所指的过盈连接是第一类过盈连接。过盈连接能传递载荷的根本原因在于零件具有弹性和连接具有装配过盈。装配以后，轴和毂的径向变形，使配合面间产生很大的压力，工作时，载荷就靠着相伴而生的摩擦力来传递。载荷可以是轴向力、扭矩或两者的组合。在一般情况下，拆开过盈连接所需用力很大，常常会使零件配合表面损坏，因此，这种连接一般是不可拆的。但是，如果装配过盈不大，或过盈虽大而采取适当的装拆方法，则连接也是可拆的。

过盈连接的优点是构造简单，定心性好，承载能力高和在振动下可靠地工作。其主要缺点是装配困难，配合精度要求较高。

第三节　形状和位置公差

加工好的零件，它的实际几何参数对理想几何参数不可避免地会存在误差，包括尺寸、表面形状（微观或宏观）和相互位置误差。尺寸公差是对零件加工时的尺寸误差作限制的技术指标，而零件的几何形状和相互位置误差（精度）是通过形状和位置公差对零件加工时作限制的技术指标。形状和位置公差简称为形位公差。

一、零件的要素

在机械中任何零件，尽管它的几何特征不同，但都是由若干个点、线（直线或曲线）、面（平面或曲面）构成的。构成零件的这些点、线、面统称为零件的要素。位于零件内外表面要素，称为表面要素或轮廓要素；对球心、轴线或中心平面等称为中心要素。

形位公差中，有关的零件要素有以下几种：

（1）理想要素。具有几何意义的要素称为理想要素。理想要素可以是点、线、面，它们都是理想状态下的点、线、面，也就是说，它们都没有任何几何形状误差，处于理想状态的要素。例如，一个几何平面没有任何凸起或凹下。

（2）实际要素。零件上实际存在的要素，称为实际要素。由于零件生产加工中存在着误差，加工出来的点、线、面的实际形状和位置，不可能具有理想的形状和位置。因此，要控制实际要素的加工误差在一个允许的范围之内。一般将测量得到的要素作为实际要素。

（3）被测要素。给出了形状或（和）位置公差的要素称为被测要素。

（4）基准要素。用来确定被测要素方向或（和）位置的要素称为基准要素。理想要素称为基准要素。例如，要求某一轴线对某个平面垂直，平面就是基准要素。作为基准要素的理想要素简称为基准。

（5）单一要素。仅对其本身给出形状公差要求的要素称为单一要素。它与其他要素无功能关系。例如，圆柱形零件任一正截面的圆要求要圆，或轴线要求要直。

（6）关联要素。对其他要素有功能关系的要素称为关联要素。在图样上给定位置公差的要素就是关联要素。例如，矩形零件要求侧平面加工后相对于底面垂直，侧平面就是关联要素。所以说对于关联要素必须给出基准要素。

（7）轮廓要素。构成零件外廓被人们直接感觉到的要素称为轮廓要素。如圆柱（锥）面、曲（平）面、直、曲线等。

（8）中心要素。零件上的轴线、球心、圆心、两平行面的中心平面等，虽然不能被人们直接所感受到，但它们是随轮廓要素的存在而客观地存在着，这样的要素称为中心要素。例如，由于圆柱面的存在就有轴线存在。

二、形位公差各项目的意义及其公差带

（1）直线度。直线度是评定圆柱或圆锥表面素线、轴线，平面上的直线，平面任意截面的截形线及两平面的相交线等，偏离其各自理想直线的误差指标。它有4个评定条件，即在给定平面内，给定一个方向，两个方向和任意方向上。

（2）平面度。平面度是评定平面偏离其理想平面的误差指标。它又是评定平面任意截面截形线直线度误差的综合指标。

（3）圆度。圆度是评定平面上的圆、圆柱、圆锥或其他回转体任一正截面上的圆及球体任意截面上的圆，偏离其各自理想圆的误差指标。

（4）圆柱度。圆柱度是评定圆柱表面偏离其理想圆柱表面的误差指标。它又是评定

圆柱体轴线、任一素线的直线度误差、任一正截面上圆的圆度误差和纵截面上两条对应素线的平行度误差的综合指标。

（5）线轮廓度。线轮廓度是评定平面上的曲线和曲面体规定截面上的曲线，偏离其理想曲线的误差指标。

（6）面轮廓度。面轮廓度是评定空间曲面偏离其理想曲面的误差指标。它又是空间曲线面任一规定截面上线轮廓度误差的综合指标。当被测曲线（面）为单一要素时，其理想轮廓曲线（面）的位置由理论正确尺寸确定；当被测曲线（面）为关联要素时，其理想轮廓曲线（面）的位置由相对于基准的位置确定。

（7）平行度。平行度是评定线或面相对于基准线或面偏离平行要求的误差指标。它有线对线、线对面、面对面和面对线 4 种情况，并有给定平面和给定方向等评定条件。

（8）垂直度。垂直度是评定线或面相对于基准线或面偏离垂直要求的误差指标。它有线对线、线对面、面对面和面对线 4 种情况，并有给定平面在和给定方向等评定条件。

（9）倾斜度。倾斜度是评定线或面相对于基准线或面偏离理论正确角度要求的误差指标。它线对线、线对面、面对面和面对线 4 种情况，并有给定平面和给定方向等评定条件。

（10）同轴度。同轴度是评定轴线（或圆心）相对于基准轴线（或圆心）偏离同轴（或圆心）要求的误差的指标。

（11）对称度。对称度是评定对称中心轴（直）线或对称中心平面相对于基准线或面偏离重合要求的误差指标。它有线对线、线对面、面对面和面对线 4 种情况，并有给定平面和给定方向等评定条件。

（12）位置度。位置度是评定点、线、面相对于基准（或基准体系）偏离理想位置要求的误差指标。它分为平面点、空间点的位置度，线的位置度和面的位置度。其中，点和线的位置度又可给定平面和给定方向等评定条件。

（13）圆跳动。圆跳动是评定回转体表面要素绕基准轴线作无轴向移动回转一周（或连续回转）时，被测表面要素偏离其理想要素在指示器上测得的最大和最小分度值之差的指标。它按给定指示器测量的方向，可分为径向、端面和斜向圆跳动 3 种。

第四节　表　面　粗　糙　度

一、基本概念

1. 表面粗糙度的定义

表面粗糙度是指加工表面上具有的较小间距和峰谷所组成的微观几何形状特性。一般由所采用的加工方法和（或）其他因素形成。根据规定，非切削加工方法所获得的表面的微观几何形状特性，也属于表面粗糙度，而对于零件表面的物理特性（如全相结构、硬度、表面应力、表面界层、光亮程度及斑纹等）和表面缺陷（如硬伤、划痕、裂痕、气孔、飞边、毛刺、鳞片及砂眼等）则不属于表面粗糙度范围。

2. 微观几何误差的形成

机械加工后的轮廓表面，由于在加工过程中受到刀刃与工件表面的作用、机床—刀具—工件系统的振动，刀具形状、切屑分裂时的塑性变形等因素影响，造成不是光滑平整的理想表面，而是在表面上留下许多微小的凹凸不平的痕迹。这些痕迹是由许多峰和凹谷所组成的，称为微观几何形状误差，也就是表面粗糙度。

表面粗糙度、波纹度和宏观几何形状误差表面粗糙度指的是微观几何形状误差。它与宏观几何形状误差在参数量值上有极大的区别。而波纹度则介与以上两者之间，也称为中间几何形状误差。

3. 采用表面粗糙度的原因

（1）在原来的国家标准（GB 1031—68，简称旧国标）中，曾采用表面光洁度作为评定零件表面光滑平整程度的指标，但容易被误解为零件表面的光亮度。例如，经过粗研、半精研后的零件表面，有时呈灰暗色而不光亮，但光洁度却很高。而经过抛光后的零件表面，有时很光亮，但光洁度不一定高。为了避免在理解上和概念上的混淆，现行国家标准（GB 1031—2009、GB 3505—2009，简称新国标）规定采用表面粗糙度作为评定零件表面光滑平整程度误差的指标。

（2）旧国标规定表面光洁度愈高，光洁度等级也愈高，而评定的参数量值却愈小。新国标规定表面粗糙度评定的参数量值愈大，则表示表面愈粗糙。这样可以使表面情况和量值相一致。

（3）与国际标准接轨。

二、表面粗糙度符号的基本规定

表面粗糙度的基本符号，是由两条不等长，且与被注表面投影轮廓线成60°左右的倾斜线组成，如图 11 – 15 所示。

表面粗糙度基本符号上的标注示意如图 11 – 16 所示。其中，a 为粗糙度高度参数代号及其数值，mm；b 为加工要求，镀覆、涂覆、表面处理或其他说明等；c 为取样长度或波纹度，mm；d 为加工纹理方面符号；e 为加工余量，mm；f 为粗糙度间距参数值，mm。

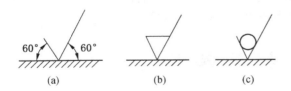

图 11 – 15　表面粗糙度的基本符号

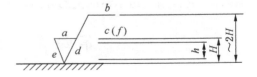

图 11 – 16　表面粗糙度基本符号上的标注示意

第十二章　常用电气设备及控制电器

第一节　变　压　器

变压器是一种能够将交流电压升高或降低，又能保持其频率不变的电气设备。变压器用途十分广泛，除了可用于改变电压之外，还可以用来改变电流、相位，变换阻抗等。它是输配电、用电、电工测量和电子技术等方面不可缺少的电气设备。

一、变压器的分类

变压器的种类很多，可以按用途、绕组数、冷却方式等进行分类。

1. 按用途分类

（1）电力变压器。用在输配电系统里，容量从几十千伏安至几十万千伏安，电压从几百伏至几十万伏。

（2）特种电源变压器。是根据矿山、冶金、交通等部门的不同要求制作的电源变压器。如矿用变压器，矿用防爆型移动变电站、电炉变压器、整流变压器、电焊变压器等。

（3）调压变压器。用来调节输出电压大小。有自耦变压器、感应变压器、移圈变压器等。

（4）仪用互感器。分电压互感器和电流互感器两种，供测量高电压和大电流使用，或向继电保护系统提供二次电压和电流。

（5）高压试验变压器。为控制系统提供一种或数种高压电源的小容量变压器。

2. 按绕组数分类

（1）双绕组变压器。这种变压器应用最广，它具有两个互相绝缘的绕组。其中一个绕组接交流电源，称为原绕组（也称原边），另一个绕组接负载，称为副绕组（也称副边）。

（2）自耦变压器。它的绕组的一部分是高压边和低压边所共有的，另一部分只属于高压边。通常作自耦调压器及自耦减压起动器使用。

（3）三绕组变压器。它具有 3 个不同匝数而相互绝缘的绕组，可同时向两种不同电压的电网供电。

（4）多绕组变压器。这种变压器具有一个输入电压多种输出电压。一般用于电子设备或控制系统里需要多种电压的场所。

3. 按相数分类

变压器按相数分有单相、三相和多相变压器。

4. 按冷却介质和冷却方式分类

（1）油浸变压器。这种变压器的铁芯与绕组完全浸没在绝缘油里。冷却方式分为油浸自冷、油浸风冷、强迫油循环风冷、强迫油循环水冷等。

（2）干式变压器。这种变压器绕组不浸入绝缘油介质内，而是依靠辐射和周围空气的冷却，将铁芯和绕组产生的热量散发到周围的空气中去。

（3）充气变压器。这种变压器的铁芯和绕组装在密封的铁箱内，充以绝缘性能好、传热快、化学性能稳定的气体。现在用得最多的气体是六氟化硫。

二、变压器的铭牌数据

变压器的铭牌上标有变压器的型号及主要技术数据。现将电力变压器的铭牌上的符号及数据进行说明。

1. 变压器型号

根据《变压器类产品型号编制方法》（JB/T 3837—2010）的规定，矿用变压器产品型号字母排列顺序及含义见表 11－1。

表 11－1　矿用变压器产品型号字母排列顺序及含义

序号	分　类	含　义		代　表　字　母
1	用途	"矿"用	一般型	K
			隔"爆"型	KB
2	相数	"单"相		D
		"三"相		S
3	绕组外绝缘介质	变压器油		—
		空气（"干"式）		G
		"成"型固体	浇注式	C
			包"绕"式	CR
4	绝缘耐热等级	见 JB/T 3837—2010 表 1 中序号 4		见 JB/T 3837—2010 表 1 中序号 4
5	线圈导线材质	见 JB/T 3837—2010 表 1 中序号 9		见 JB/T 3837—2010 表 1 中序号 9
6	结构特征	单台		—
		"组"合式		Z
7	装置种类	"移"动变电站		Y

示例：KSL—200/6

　　表示一台三相、油浸、自冷、铝导线、单台、200 kVA、6 kV 级矿用一般型变压器。

2. 额定容量（S_e）

额定容量是指在额定工作条件下，变压器输出的视在功率的保证值。三相变压器的额定容量是指三个相同的变压器容量的总和，单位是 kV·A 或 V·A。

3. 额定电压（U_{1e}、U_{2e}）

变压器在额定运行情况下，根据变压器绝缘强度和温升所规定的原绕组电压值，称为原绕组的额定电压；变压器在空载时（有分接开关接在额定分接头上），副绕组电压的保证值，称为副绕组的额定电压。在三相变压器中，额定电压指的是线电压。为了适应电网电压变化的需要，高压侧一般都有分接头。例如，配电变压器的额定电压为 6000（1 ± 5%）V/400 V，分子表示高压侧的额定电压为 6000 V，但也可调节分接开关，运行在 6300 V 或 5700 V。

4. 额定电流（I_{1e}、I_{2e}）

额定电流是变压器绕组允许长时间连续通过的工作电流。在三相变压器中，额定电流指的是线电流。一般情况下，原、副绕组的额定电流可用下面公式计算：

单相
$$I_{1e}=\frac{S_e}{U_{1e}} \qquad I_{2e}=\frac{S_e}{U_{2e}}$$

三相
$$I_{1e}=\frac{S_e}{\sqrt{3}U_{1e}} \qquad I_{2e}=\frac{S_e}{\sqrt{3}U_{2e}}$$

式中　　I_{1e}、I_{2e}——原、副边的额定电流，A；

U_{1e}、U_{2e}——原、副边的额定电压，V；

S_e——额定容量，V·A。

5. 额定频率（f）

我国电力系统标准频率为 50 Hz。

6. 阻抗电压（U_k）

阻抗电压也称短路电压，是额定电流通过绕组时产生的阻抗电压降与额定电压的百分比。

此外，铭牌上还标有线圈温升、油面温升、连接组别和接线圈，使用条件、冷却方式、变压器的总重、油重等数据。

第二节　交流异步电动机

异步电动机又称感应电动机，它是现代化工农业生产中应用最广泛的一种电动机。据统计，在电网的总负荷中，异步电动机约占总动力负荷的 85%。异步电动机之所以应用得如此广泛，主要原因是由于它结构简单、运行可靠、价格便宜、维护方便等优点。但是异步电动机的应用也有一定限制，主要的缺点是调速性能差，功率因数较低。

一、异步电动机的分类和结构

1. 分类

异步电动机从定子绕组的相数可分为单相、三相两类。从转子结构上，又分为鼠笼型和绕线型两类。鼠笼转子又分为普通鼠笼、深槽鼠笼和双鼠笼 3 种。

按照电动机外壳的不同防护型式，可分为开启式、防护式、封闭式等。

按照电动机中心高度，可分为小型、中型和大型 3 类。

按照安装结构型式，可分为卧式、立式、带底脚、带凸缘等类型。

按照通风冷却方式，可分为自冷式、自扇冷式、他扇冷式、管道通风式等。

按照绝缘等级，可分为 A、E、B、F、H 级。

按照工作定额，可分为连续、短时和断续 3 种。

除上述基本系列分类方式以外，还有按工作环境或拖动特性或特殊性能要求分类的派生和专用系列，例如用于石油、煤矿、化工等有爆炸危险场所用的防爆电动机。

2. 结构

三相异步电动机由定子和转子 2 个基本部分组成。

（1）定子。它一般由定子铁芯、定子绕组和机座组成，是产生电磁转矩的部件。定子铁芯是电机磁路的一部分，它是用 0.5 mm 厚的硅钢片叠装压紧后组成一个整体。定子绕组是电路的一部分，由带绝缘的铜导线或铝导线绕成许多线圈连接组成。机座的主要用途是支承定子铁芯和固定端盖。

（2）转子。它由转子铁芯、转子绕组和转轴组成。转子铁芯是电动机磁路的一部分，也用 0.5 mm 厚的硅钢片叠成，固定在转轴上。转子绕组分为鼠笼型和绕线型两种。鼠笼型绕组就是在转子铁芯的外圆上均匀分布的许多槽内嵌上一根裸导条，在伸出两端的槽口处，用两个环形端环分别把所有导条的两端连接起来，构成一个"鼠笼"状绕组；绕线型转子的绕组和定子绕组相似，是用绝缘导线嵌在槽内，接成三相对称绕组。转轴的主要用途是传递功率。

二、异步电动机的工作原理

1. 旋转磁场

旋转磁场是一种极性和大小不变，并以一定的转速按一定的方向不断旋转的磁场。在三相异步电动机中，当对称的三相绕组中流过三相交流时就会产生旋转磁场，旋转磁场与转子电流相互作用产生电磁力，从而使转子转动。

旋转磁场的转速公式为

$$n_1 = \frac{60f}{p}$$

式中　n_1——旋转磁场的转速，又称同步转速，r/min；

　　　f——电流的频率，Hz；

　　　p——磁极对数。

从上式可以看出，当电源的频率 f 一定时，旋转磁场的同步转速 n_1 取决于定子旋转磁场的磁极对数。

2. 三相异步电动机的作用过程

把一个闭合的单匝线圈放入三相电流产生的旋转磁场中，结果发现该线圈会自动旋转起来。它之所以能旋转，是因为导体和旋转磁场有相对运动，导体中便产生电动势。由于线圈是闭合的，因此，感应电动势又在导体中产生了与电动势方向一致的电流，其方向由右手定则来判断。电流和磁场相互作用产生电磁力 F，它的方向由左手定则来判断。由电磁力 F 产生的电磁力矩，使得闭合线圈沿着旋转磁场相同的方向旋转起来。

闭合线圈的旋转方向和旋转磁场的旋转方向是一致的。如想改变闭合线圈的旋转方向，只需改变旋转磁场的旋转方向即可。闭合线圈的旋转速度小于旋转磁场的速度。如果两者速度相同的话，它们之间就不会有相对运动，导体中也就不会产生感应电动势、感应电流及电磁力矩，这就是异步电动机名称的由来。由于异步电动机工作原理的基础是电磁感应，故异步电动机又称为感应电动机。

第三节　常用控制电器

一、接触器

接触器是电气控制线路中应用最广泛的电器之一，适于远距离频繁地接通和分断电路，主要用于控制电动机，也可用于控制其他电力负载。

接触器的主要组成部分包括触头（又称接点）、电磁系统、灭弧装置、支架和外壳等。常用接触器有交流接触器和真空接触器。

1. 交流接触器

交流接触器在矿山企业中应用广泛。由于交流主回路大都为三相电路，所以一般采用三极交流接触器，交流接触器的额定电压主要为 380 V。现也生产额定电压为 660 V 和 1140 V 的交流接触器，多为煤矿井下使用，额定电流从 5 A 到 600 A。

2. 真空接触器

真空接触器是 20 世纪 60 年代才发展起来的一种新的电磁接触器，其触头的分合仍由电磁机构操作，但触头密封于真空泡中。由于泡中气体很稀薄，触头间产生的电弧靠金属蒸气形成，但金属蒸气以极快速度向四周低压空间扩散，使触头之间的间隙在电流过零后迅速恢复到真空状态，促使电弧熄灭。

真空接触器的主要优点：

（1）分断能力强，燃弧时间短，触头磨损小，电寿命长。

（2）触头开距及超程小（一般仅 1 ~ 2 mm），减轻了触头闭合时的碰撞程度，机械寿命长。整个接触器体积小，重量轻，允许的操作频率高，噪声小。

（3）灭弧室密封，不受外界污染，具有防爆、防腐蚀及防火等优良性能。

当工作电压超过 1 kV 时，真空接触器的优越性更显著，其体积可以比同容量的空气式接触器小得多。

真空接触器的缺点：制造工艺及维护水平要求高；在切断感性负载时，由于截流现象产生的过电压高，直流灭弧较困难等。

二、继电器

继电器是控制系统中一种重要的元件，它的作用就是按照某种要求接通或断开控制系统中的电路。常用的继电器是有触点的，触点有通和断两种状态，状态的改变由某种机构带动。例如可以用一个电磁铁的吸合或断开控制触点状态，这样就组成一个电磁式继电器。因此，继电器就是根据某种物理量的变化来改变其触点状态的控制元件。根据动作原理不同，继电器可以分为电磁式、感应式、电子式、热效应式、气动式和电动机式等。最常用的是电磁式继电器，它是根据吸引线圈中的电流量的大小来动作的。继电器在控制系统中的主要作用有下列两点：

（1）传递信号。它用触点的转换，接通或断开电路以传递控制信号。

（2）功率放大。使继电器动作的功率通常是很小的，而被其触点所控制电路的功率要大得多，从而达到功率放大的目的。

常用的继电器有电压及电流继电器、时间继电器、中间继电器等。

三、主令电器

主令电器是按一定生产工艺要求发出控制命令的操纵电器，用它来闭合或断开接触器、继电器等电器的线圈回路，以实现对生产机械的控制。常用的主令电器有控制按钮、万能转换开关、主令控制器等。

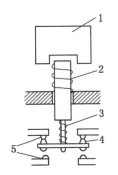

1—按钮；2—恢复弹簧；3—触头弹簧；4—动触头；5—静触头

图 12-1   控制按钮示意图

1. 控制按钮

控制按钮是主令电器中最常用的一种电器，它广泛用于直流 440 V 或交流 500 V 以下的控制电路中。按钮的构造比较简单，其结构主要是一个带有恢复弹簧 2 的桥式触点 4 和 5，如图 12-1 所示。按钮有单按钮、双按钮和三按钮之分。单按钮可做成常开或常闭的，也可以同时具有常开和常闭两对触点；双按钮具有一常开、一常闭触点；三按钮是两常开、一常闭触点，用于可逆控制线路中。按其外壳结构又可分为开启型、防护型、防水型与隔爆型等。操纵方式有指按型、脚踏型等。控制按钮的分断能力很小，不能切断动力电源。

2. 万能转换开关

万能转换开关是用手柄操纵，使凸轮转动带动多对触头，并按规定的接通表闭合或断开电路的电器。它具有定位和限位机构。万能转换开关主要用于工作状态的选择、测量和信号回路的转换，也可用于控制小容量电动机等。它的分断能力比按钮大，但不能用于频繁操作。

3. 主令控制器

主令控制器主要用于要求按一定顺序频繁操纵的控制线路中，如绕线电动机按顺序切除转子附加电阻，也可实现与其他控制线路联锁转换的目的。它的结构与万能转换开关有些类似，也是通过手柄操纵凸轮，使触点按规定的接通表闭合或断开电路，但其触点对数较多。主令控制器的触点没有灭弧装置，其触点分断能力只比按钮稍大。

第十三章　矿井泵工基础知识

第一节　压力的测量

一、压力计算的基准和单位

在实际应用中，由于压力计算的起点不同，故可分为绝对压力和相对压力。以完全真空为基准算起的压力叫做绝对压力。即

$$P_绝 = p_a + \gamma h \tag{13 - 1}$$

式中　p_a——大气压力，Pa；

　　　γ——流体重度，N/m^3；

　　　h——绝对高度，m。

相对压力又称表压力，以大气压力为基准算起的压力称为相对压力。即

$$P_表 = P_绝 - p_a \tag{13 - 2}$$

由式（13 -1）、式（13 -2）知，在重力作用下的静止液体中，某一点的绝对压力等于大气压力与表压力之和，而表压力为绝对压力与大气压力之差。

假若液体中某点的绝对压力小于大气压力，则该点处于真空状态。我们把绝对压力小于大气压力的数值称为真空度，以 p_z 表示。

$$p_z = p_a - P_绝 \tag{13 - 3}$$

真空度 p_z 是大气压力与绝对压力之差，因此真空度只能在 0 ~ 1 个大气压之间变化。如某点的真空度为 0.7 大气压，则绝对压力为 0.3 大气压。

绝对压力、表压力、真空度之间的关系可用图 13 -1 表示。

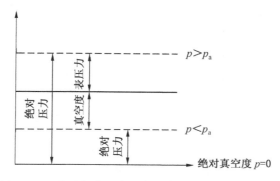

图 13 -1　绝对压力、表压力、真空度三者之间关系图

压力的计算单位：

（1）用作用在单位面积上的力表示，其单位为 Pa。

（2）用大气压表示，一个标准大气压 $p_{标}$ = 101325 Pa，用符号 atm 表示。在工程上一个大气压 p_a = 98100 Pa。

（3）用液柱高表示，以水柱或水银柱高度表示压力的大小。因为 $p_表 = \gamma h$，则 $h = \dfrac{p_表}{\gamma}$，说明一定的压力，对应于一定的液柱高，如液体不相同，则液柱高 h 值就不同，即一定的压力可用不同的液柱高表示。如一个工程大气压用水柱及水银柱分别表示为

$$h_水 = \frac{p_a}{\gamma_水} = \frac{98100}{9810} = 10 \text{ m 水柱}$$

$$h_{水银} = \frac{p_a}{\gamma_{水银}} = \frac{98100}{133416} = 735 \text{ mm 水银柱}$$

二、液柱式测压计

液柱式测压计是以流体静力学为基础，应用了液体平衡原理和等压面的概念，一般以水、酒精或水银等为工作液体而制成的。其构造简单，可用来测量低压，真空度和压力差。

1. 测压管

通常利用直径 1 cm 左右的玻璃管作为测压管，管的下端连接在管路或容器的侧壁上，上端与大气相通，如图 13 - 2 所示。根据管内液面上升的高度，测得管内或容器内的压力大小。这种测量较准确，但只能测量液体，且测量范围小，一般在 1/10 工程气压以内。

2. 水银测压计

当液体压力较大或容器内是气体时，经常使用 U 形测压计，如图 13 - 3 所示。在 U 形管内装上水银，把管的一端与需测管路或容器相接，另一端与大气相通，根据水银面的高差则可求出管路或容器内液体静压力的大小。

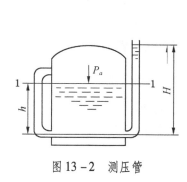

图 13 - 2　测压管

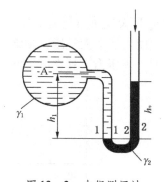

图 13 - 3　水银测压计

在图 13 - 3 中，左支管 1 - 1 平面的绝对压力 $p_1 = p_A + \gamma_1 h_1$，右支管 2 - 2 平面的绝对压力 $p_2 = p_a + \gamma_2 h_2$。由于 1 - 1 与 2 - 2 平面为等压面，因此 $p_1 = p_2$。故可求出左管路 A 点的绝对压力和表压力分别为

A 点的绝对压力　　　　　　$p_A = p_a + \gamma_2 h_2 - \gamma_1 h_1$

A 点的表压力　　　　　　　$p_\text{表} = \gamma_2 h_2 - \gamma_1 h_1$

若管路或容器内为气体，因气体的重度很小，故上述公式中的 $\gamma_1 h_1$ 可忽略不计。

3. 微压计（斜管测压计）

测量微小的压力时，为提高测量精度采用斜管测压计，如图 13 – 4 所示。在容器一端接倾角为 θ 的玻璃管，设容器断面为 A，玻璃管断面为 a。当容器未与被测物质连通时，容器内的液面与斜管内的液面平齐（$o-o$ 面）。当容器与被测物质连通后，容器内的液面下降 Δh 的高度（$o'-o'$ 面），而玻璃管内液面上升 h 的高度，上升倾斜长度为 l，故作用在容器中的绝对压力为

$$p_\text{绝} = p_a + \gamma\left(h + \Delta h\right)$$

其表压力为

$$p_\text{表} = p_\text{绝} - p_a = \gamma\left(h + \Delta h\right)$$

由于容器内液面下降量等于倾斜管液体的上升量，所以

$$A \cdot \Delta h = a \cdot l$$

$$\Delta h = \frac{a}{A}l \tag{13-4}$$

由图 13 – 3 知 $h = l\sin\theta$，把 Δh 及 h 值代入公式（13 – 4）中得

$$p_\text{表} = \gamma\left(l\sin\theta + \frac{a}{A}l\right) = \gamma l\left(\sin\theta + \frac{a}{A}\right)$$

因 $\dfrac{a}{A}$ 一般为 1/200 左右，故可忽略不计，则

$$p_\text{表} = \gamma l\sin\theta \tag{13-5}$$

倾斜微压计的倾角一般做成可以改变的，一般倾斜微压计的倾角在 10°~30° 之间。

4. 真空计

用来测定真空度的仪器叫真空计，如图 13 – 5 所示为水银真空计。当真空计与被测流体连通后，由于被测流体的绝对压力 p_C 小于大气压力 p_a，所以在大气压力的作用下，U 形管左侧的水银面高于右侧水银面。取 $o-o$ 平面为等压面，则

$$p_C + \gamma h_2 + \gamma_g h_1 = p_a$$

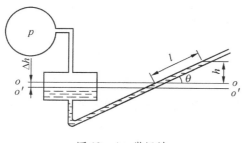

图 13 – 4　微压计

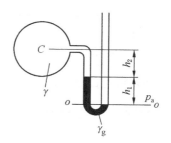

图 13 – 5　水银真空计

由此求得 C 处的真空度 p_z

$$p_z = p_a - p_C = \gamma h_2 + \gamma_g h_1 \tag{13-6}$$

式中　　p_C——为容器中 C 处的绝对压力，Pa；

　　　　h_1——U 形管两侧水银面高度差，m；

　　　　h_2——C 处与 U 形管左侧水银面的高度差，m。

真空度的大小可用液柱高度来表示，叫做真空高度。若以水银柱高度 h_z 表示真空度时，则

$$h_z = \frac{p_z}{\gamma_g} = \frac{\gamma}{\gamma_g} h_2 + h_1 \tag{13-7}$$

若管路或容器中为气体时，因其重度很小，故 γh_2 这一项可以忽略不计，即

$$p_z \approx \gamma_g h_1$$
$$h_z = h_1$$

5. 压差计

压差计是用来测量流体中两点压力差的仪器，如图 13-6 所示。欲测两管内压力差 $(p_A - p_B)$ 时，可取等压面 1-2，则左支管 1 处的绝对压力为

$$p_1 = p_A + \gamma h_1$$

右支管 2 处的绝对压力为

$$p_2 = p_B + \gamma h_2 + \gamma_g h_3$$

因为　　　　　　　　$p_1 = p_2$

所以　　　　$p_A - p_B = \gamma_g h_3 - \gamma (h_1 - h_2) \tag{13-8}$

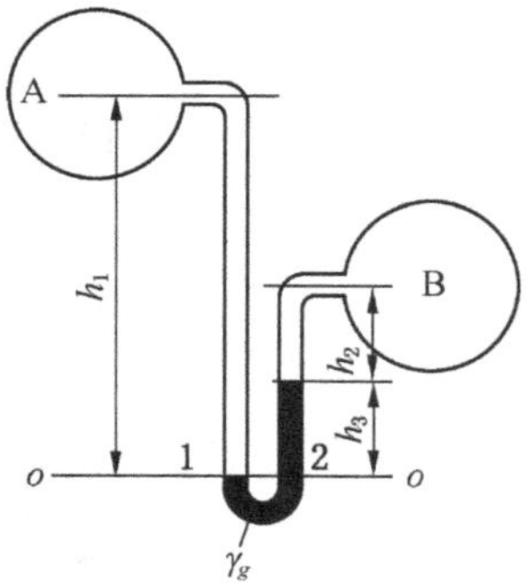

式中　　γ_g——水银的重度，N/m³；

　　　　h_1——A 容器到左支管水银面高度差，m；

　　　　h_2——B 容器到右支管水银面的高度差，m；

　　　　h_3——左、右支管水银面高度差，m；

　　　　γ——A、B 容器中流体的重度，N/m³。

图 13-6　压差计

当 A、B 容器中为气体时，则 γh_1 和 γh_2 可忽略不计，则

$$p_A - p_B = \gamma_g h_3 \tag{13-9}$$

第二节　离心式水泵在管路中的工作

每一台水泵都是和一定管路连接在一起工作的，水泵在工作时所获得的能量不仅用来提高水的位置，还要克服管路中的阻力。因此，水泵工作的好坏不仅决定于水泵本身，还要决定于管路的配置情况。

一、管路特性曲线和水泵的工作点

管路特性曲线就是反映水流经管路时的流量与压头消耗之间关系的曲线。而管路中主要包括下列压头消耗：

（1）泵把吸水井的水提高到地面排水管出口处所消耗的压头。即水泵的实际扬程应为

$$H_{sy} = H_x + H_p$$

（2）水流出排水管时所带走的压头。即

$$h = \frac{v^2}{2g}$$

式中　v——排水管水的流速，m/s。

（3）克服吸水管、排水管的沿程阻力和局部阻力而损失的压头。即

$$h_{\mathrm{W}} = \sum \lambda \frac{L}{d} \frac{v^2}{2g} + \sum \varepsilon \frac{v^2}{2g} = \Big(\sum \lambda \frac{L}{d} + \sum \varepsilon \Big) \frac{v^2}{2g}$$

令 $\varepsilon_{\mathrm{z}} = \sum \lambda \dfrac{L}{d} + \sum \varepsilon$——管路总阻力系数。

故

$$h_{\mathrm{W}} = \varepsilon_{\mathrm{z}} \frac{v^2}{2g}$$

因 $v = \dfrac{Q}{A}$，故水经管路流动时的总压头消耗为

$$H = H_{\mathrm{sy}} + \frac{v^2}{2g} + \varepsilon_{\mathrm{z}} \frac{v^2}{2g} = H_{\mathrm{sy}} + \frac{1 + \varepsilon_{\mathrm{z}}}{2gA^2} Q^2$$

令

$$R = \frac{1 + \varepsilon_{\mathrm{z}}}{2gA^2}$$

则

$$H = H_{\mathrm{sy}} + RQ^2 \tag{13-10}$$

上式称为管路特性曲线方程，其曲线如图 13-7 所示。水泵的工作点或工况点就是把水泵特性曲线和管路特性曲线按一定比例画在同一坐标系上两条曲线的交点。如图 13-8 所示的 M 点即为工作点。

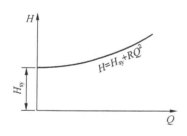

图 13-7　管路特性曲线

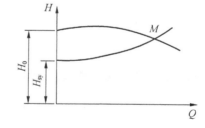

图 13-8　水泵的工作点

工作点确定了水泵在一定管路中工作所产生的流量和扬程。该点选定的正确与否会影响水泵工作的稳定性和经济性。因此，在选用水泵时必须注意与管路的配合。

二、离心式水泵运转的稳定性和经济性

排水工作是矿山井下重要工作之一，因此必须保证水泵工作的稳定性和经济性。

1. 水泵运转的稳定性

为使水泵稳定地运转，在水泵流量为零时的压头值与 H_{sy} 间的关系应满足下列关系：

$$H_{\mathrm{sy}} \leqslant 0.9H_0 \tag{13-11}$$

如图 13-9 所示，电网电压的变化会导致水泵转速的变化，而转速变化则影响水泵的特性曲线。水泵在正常工作时其特性曲线与管路特性曲线只有一个交点，此时水泵处于稳定状态。若水泵特性曲线上下浮动时则流量会忽高忽低，此时水泵处于不稳定状态。

　　若水泵特性曲线与管路特性曲线无交点时，此时水泵流量为零，电机传给水泵的能量全部转换为热能，使泵内水的温度迅速上升而引起水泵发热，故不允许水泵流量为零时开动水泵。

　　2. 水泵工作的经济性

　　为保证水泵在工作中的经济性，水泵应保持在一定效率下工作，其工作点 M 被限制在图 13 - 10 阴影部分所规定的范围内，这个范围称为工业利用区。工业利用区可以用下列公式确定：

$$\eta \geq (0.85 \sim 0.9)\eta_{max} \tag{13 - 12}$$

式中　　　η——水泵的工作点所对应的效率；

　　　　　η_{max}——水泵的最高效率。

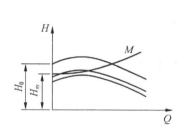

图 13 - 9　电网电压对水泵工作的影响

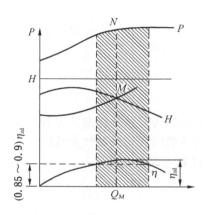

图 13 - 10　水泵的工业利用区

三、离心式水泵流量和压头的调节

　　水泵在工作时的流量和压头取决于水泵的特性曲线与管路特性曲线的交点（M 点），因此，改变流量和压头的大小实质上就是改变水泵的工作点。改变方法有两种，一是改变管路的特性曲线，另一种是改变水泵的特性曲线。

　　1. 改变管路特性曲线调节法

　　（1）闸门节流法。利用管路上闸的开度来增加局部阻力，即加大 R 值迫使管路曲线改变，使水泵的工作点变更，以达到减少流量的目的。此种方法操作简便，但增加了功率的额外消耗，是一种不经济的调节方法。

　　（2）并联管路调节法。矿井排水管一般设两趟，一趟工作另一趟备用。必要时可把两趟管路并联使用，从而改变了水泵的工作点，达到增加流量的目的。

　　2. 改变水泵特性曲线调节法

　　（1）减少叶轮数目调节法。即把水泵多余的叶轮拿掉，从而改变水泵的特性曲线，以达到减小扬程的目的。但此法手续复杂，调节幅度大。

　　（2）削减叶轮叶片长度调节法。在水泵工作时所产生的流量、压头较大时，可采取此办法。即把叶轮外径切小，如果切削尺寸适当，切削后的水泵特性曲线就能刚好经过我们需要的流量、压头组成的工作点。切削时可按下列公式确定流量与压头：

$$\frac{Q'}{Q} = \frac{D'_2}{D_2} \qquad (13-13)$$

$$\frac{H'}{H} = \frac{D'_2}{D_2} \qquad (13-14)$$

式中　　Q、Q'——切削前后水泵的流量；

H、H'——切削前后水泵的压头；

D_2、D'_2——切削前后水轮的外径。

四、离心式水泵的串并联运转

当一台水泵不能满足所需要的流量或扬程时，可采用两台水泵串联或并联运行，但要采用同一类型的水泵。

1. 离心式水泵的串联运行

当矿井排水高度较高而一台水泵所产生的扬程达不到要求时，可采用两台水泵串联运行。串联运行的目的是为了增加扬程，但管路内的流量也有所增加。图 13-11 为两台水泵在同一地点串联的简图和曲线图。

由于两台水泵的流量相同，且彼此相邻，故两台间的管路阻力可忽略不计，则总扬程便是两台水泵扬程之和。在曲线图上曲线Ⅰ、Ⅱ是两台水泵各自的扬程曲线，曲线（Ⅰ＋Ⅱ）是串联后的合成曲线。管路曲线与合成曲线交点 M 即为串联后的工作点，此时每台水泵的流量为 Q_M，每台水泵的扬程为合成扬程 H_M 的一半。

2. 离心式水泵的并联运行

当矿井涌水量较大，一台水泵不能担负排水任务，而现有的排水管路又少于水泵的工作台数时，则可采用两台水泵并联运行。并联运行的目的是为增加管路中的流量。图 13-12 为两台水泵在同一地点并联运行的简图和曲线图。

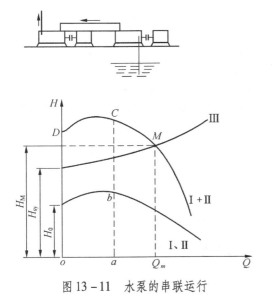

图 13-11　水泵的串联运行　　　　　　图 13-12　水泵的并联运行

　　图中曲线Ⅰ、Ⅱ是两台水泵的特性曲线，曲线（Ⅰ+Ⅱ）是并联后的合成曲线，即由曲线Ⅰ、Ⅱ的横坐标相加而得。曲线（Ⅰ+Ⅱ）与曲线Ⅲ的交点 M 即为并联后水泵的工作点。此时水泵的合成流量为 Q_M，扬程为 H_M。由图可知，两台水泵并联运行时，每台水泵的流量为 $Q_Ⅰ = Q_Ⅱ = \dfrac{Q_M}{2}$，则 $H_Ⅰ = H_Ⅱ = H_M$。当单独一台水泵在此管路上工作时，其工作点为 $M_{1,2}$，流量为 $Q_1 = Q_2$，扬程 $Q_{1,2} < Q_M < 2Q_{1,2}$。显然两台水泵并联后的合成流量大于每台水泵单独运行时的流量。即

$$Q_{1,2} < Q_M < 2Q_{1,2}$$

第三节　离心式水泵的轴向推力及平衡方法

一、轴向推力产生的原因

　　水泵在工作时，由于叶轮与导水圈之间有一定的间隙，高压水会由此间隙流入叶轮的前后盘上，如图 13 – 13 所示。

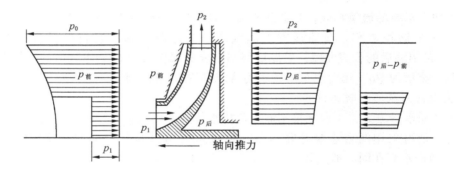

图 13 – 13　叶轮两侧压力分布图

　　由于叶轮吸水口处的压力较低，因此造成叶轮前后盘上的压力不平衡，后盘上的压力大于前盘上的压力，因此将水轮推向吸水口方向，此推力称为轴向推力。水泵的轴向推力有使整个水泵转子向吸水侧沿轴向移动的趋势，如果不加以消除则必导致旋转的叶轮和固定的泵壳相碰，引起彼此间的相互摩擦；同时也会使互相对正的水轮的出口与导向器的入口之间产生超限度的偏移，使水泵的效率降低。

　　设叶轮向右方的推力为 F_1，向左方的推力为 F_2，则

$$F_1 = \frac{\pi}{4}(D_2^2 - D_1^2)p_2 + \frac{\pi}{4}(D_1^2 - D_g^2)p_1$$

$$F_2 = \frac{\pi}{4}(D_2^2 - D_g^2)p_2$$

总推力　　　　$F = F_2 - F_1$

$$= \frac{\pi}{4}(D_2^2 - D_g^2)p_2 - \Big[\frac{\pi}{4}(D_2^2 - D_1^2)p_2 + \frac{\pi}{4}(D_1^2 - D_g^2)p_1\Big]$$

整理后得　　　　　　　　　　　$F = \frac{\pi}{4}(p_2 - p_1)(D_2^2 - D_g^2)$　　　　　　（13 – 15）

式中　　　D_2——水轮半径，m；

　　　　　D_1——吸水口外径，m；

　　　　　D_g——轮毂外径，m；

　　p_1、p_2——作用在水轮前后盘上的压力，N/m^3。

二、轴向推力的平衡方法

根据水泵的结构，水泵的轴向推力平衡方法有下列几种：

（1）平衡孔法。如图 13 - 14 所示。在水轮后盘上对着水轮进口处开数个小孔（一般为 4~8 个），使水轮两侧贯通，因而使水轮两侧压力差降低，轴向推力大大减小，但使用此法时需在吸水口对侧做一个与吸水口同径的环室，以防发生过大的逆流现象。由于此法漏水严重，一般在小型水泵上如小型 B 型泵采用此种方法。

（2）平衡盘法。这是一种采用水力平衡装置的方法，如图 13 - 15 所示。在水泵末端叶轮后面的泵轴上固定一个平衡盘，平衡盘左侧的空间（平衡室）由特设的蹿水间隙 L_1（0.2~0.4 mm）与最后一级叶轮的高压水相通，其右侧空间与吸水管接通。平衡盘两侧在压力差的作用下产生向右的推力，此力与叶轮的轴向推力方向相反。当平衡盘产生的推力大于轴向推力时，便带动水泵转子向右移动，这时平衡环与平衡盘形成的间隙 L_2 增大，流出的水量增大，因此流经间隙 L_1 的水所受的阻力增大，平衡室中压力下降，于是平衡盘上的推力降低，水泵转子又向左移动，L_2 减小压力下降。上述过程重复进行，直到叶轮产生的指向吸水口侧的轴向推力与平衡盘产生的指向排水侧的轴向推力平衡为止。从平衡盘中流出的水量不应超过流量的 1.5%~3%，否则水泵效率将降低。因此，要求平衡环与平衡盘的正常间隙为 0.5~1.0 mm，泵轴的串量不小于 1 mm，不大于 4 mm。由于平衡盘具有自动调节的特点，故在单吸多级泵中广泛应用。

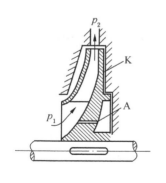

图 13 - 14　平衡孔法

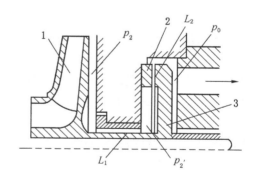

1—水泵叶轮；2—平衡环；3—平衡盘

图 13 - 15　平衡盘法

（3）推力轴承法。此种办法是水泵采用止推轴承来承受轴向推力，只限于小型水泵使用。

第十四章　矿井泵工专业知识

第一节　矿井水防治及排水系统

一、矿井的涌水及防治

1. 井工矿的涌水量

井工矿涌水主要来自大气降水、地表水、地下水和老窑及旧井巷积水。

大气降水包括雨水和融雪，是很多矿坑涌水的经常补给源之一。不同的地区、不同的季节，涌入矿井的水量也不同。在降水量较大的季节和地区，矿井涌水量也较大；在降水量较小的季节和地区，矿井涌水量也较小。涌水量随井巷深度增加而减少。

地表水是指江、河、湖、海、洼地积水及水库的水等。

地下水主要来自孔隙水、裂隙水和岩溶水。地下各种岩层和土层（如砂土、砂砾和卵石）因有大量空隙，水在其中积存和渗透，称为含水层。石炭岩很细密，易侵蚀成溶洞，连起来的溶洞可构成地下暗河，这种岩层在矿井开采过程中涌水量会突然增大，危害很大。

地下水流入矿井后组成静储量和动储量两部分。开采初期或水源供给不充沛的情况下，往往是以静储量为主，随着排水时间延长，静储量逐渐被消耗，动储量的比例相对增加。

我国许多矿区都分布有老窑和现已停止排水的旧巷道，当井下采掘工作面接近它们时，老窑和旧巷积水便会成为矿坑涌水的水源。

2. 露天矿涌水量

露天矿涌水量主要受自然和人为两大因素的影响。

自然因素包括气候条件、地表水体、地形条件、岩石结构、地质构造等。

气候条件的影响，使矿床的含水性不仅具有季节性的特征，而且也有着明显的地区性特征。在我国气温高雨量大的南方和西南方，降水渗透是地下水的主要来源；在气温低雨量少的西北地区，水蒸发量大，地下水的水位也较低。

地表水体（河流、湖泊、海洋等）和地下水在一定条件下可以互相转化和补给。河流、湖泊的水位、流量变化，海潮的影响都会传递给附近矿区的潜水。

地形影响到地下水的循环条件和含水岩层埋藏的深度。对位于侵蚀基准面以上和地势较高的矿床，很可能是无水或含水较少，反之就可能含水较多。在古河道地区，往往分布着较厚的沙砾层，并极易存有丰富的地下水，它可以向附近的矿体渗透和补给。

人为因素包括不科学的开采、废坑积水、未处理的勘探钻孔等。

在开采过程中不掌握矿山的水文地质资料，没有采取有效的防水排水措施，或由于开采工作上错误，很可能导致突然涌水引起不必要的损失。另外，对边坡参数确定的不合理和维护不善，发生大面积滑坡时，容易诱发涌水，甚至造成滑坡与涌水之间的互相诱发。

废弃的矿坑常有大量积水，当排水工作停止后，废坑内的积水水位将会上涨。这种水源一旦与采场沟通，在一瞬间就会以很大的水压和水量突然涌入采场，使涌水量剧增。此外，人工水库的渗水也是矿山涌水量增加的因素。

地质勘探工作结束后，必须用黏土或水泥将钻孔封死，否则，一经开采钻孔本身就成为沟通含水层和地表水的通路，将水引入作业区。

总之，地表水、大气降水和地下水都将成为露天矿涌水的水源。

3. 涌水量的预测

1）涌水量预测的作用与任务

矿坑涌水量是矿山排水和矿床疏干设计的重要依据。矿坑涌水量数值，影响矿山基建工程和投资的规模、矿石生产成本和矿山生产经济效益的高低，在水文地质条件复杂程度中等以上的矿山，还影响着矿山治水方案的确定。

矿坑涌水量预测包括矿坑总体涌水量预测和具体开拓工程涌水量预测。主要任务是：预测不利边界条件、不利垂向补给条件下将威胁矿山安全的最大涌水量和正常补给条件下的正常涌水量，为设计矿山排水能力提供依据；预测枯水条件下的最小可能涌水量，为利用矿坑水提供水量下限；必要而且可能时，预测正常补给条件下矿坑排水量与矿山疏干时间的关系，供确定最佳疏干排水量之用。

矿坑涌水量预测要反映补给期与非补给期、洪水年份与枯水年份在补给因素、边界条件和径流通道方面的差异，要反映天然条件以及矿床开采、矿坑排水所引起的条件变化。常用的矿坑涌水量预测方法有水文地质比拟法、涌水量曲线方程法、水均衡法和稳定流解析法4类。这4类方法适用于水文地质条件比较简单的矿山，且均具简便易行的优点。20世纪70年代以来，数值法和电网络模拟法得到了应用，这两类方法能逼近矿山水文地质条件和疏干、排水条件，能实现涌水量预测的各项任务，但计算耗时多、费用大、对基础资料和渗流场的控制程度要求高，一般用于条件比较复杂的矿山。

2）涌水量预测的要求

（1）在矿坑涌水量预测之前，必须先查清矿区水文地质条件和矿坑充水因素，然后再结合矿床开采方法，选择合适的计算方法和公式，这是矿坑涌水量预测可靠性的基本保证。

（2）在矿床勘探阶段，根据矿区可能采用的涌水量计算方法，合理布置和调整水文地质勘探工程和试验，以便满足涌水量计算的要求。

（3）矿坑涌水量预测的项目，当矿区水文地质条件简单时，露天开采矿山，只需计算某一标高以上一个或几个的矿坑涌水量，包括地下水涌水量和降雨径流量；地下开采矿山，除需计算基建开拓各阶段涌水量以外，还需计算竖井、斜井井筒的涌水量。当矿区水文地质条件在中等复杂程度以上，而矿山又需设计疏干防水措施时，不论是露天或地下开采的矿山，除要求计算上述项目外，还需计算各阶段相应的地下水静储量。

（4）地下开采某一阶段或露天开采某一标高的矿坑涌水量计算，一般都应包括正常涌水量和最大涌水量。按照设计部门的计算方法，阶段涌水量和露天采矿场渗水量一般均由地下水水量和降雨汇集的水量组成，即阶段涌水量为地下水涌水量与降雨渗入量之和；露天采矿场涌水量为地表水涌水量与降雨流量之和。

4. 涌水量的计算

矿井涌水量的大小，通常以每小时或每分钟涌入矿井多少立方米来计算，由于涌水量受水文地质、气候条件、地下积水及开采方法的影响，因此各矿井涌水量均不一致，即便同一矿井，不同季节也不一样，当雨季和融雪期出现高峰时渗入井下，这时的涌水量为最大涌水量，正常时期的涌水量为正常涌水量。

地下开采的矿山要计算最低开拓水平以上各阶段的井下水正常涌水量与最大涌水量，计算竖井或斜井井筒的涌水量；当矿体开采顶板崩落后能导致降雨渗入矿井时，要计算崩落区正常降雨量及设计频率的暴雨渗入量。

露天开采的矿山要按照排水方案确定的各泵站所在标高及位置，计算各泵站的地下水正常涌水量及最大涌水量。计算各泵站承担的汇水区的正常降雨径流量及设计频率的短历时及长历时暴雨径流量，并进行储排平衡计算，绘制采场设计频率暴雨径流量与时间的关系曲线图，从而确定各泵站的排水能力、储水能力以及淹没深度和淹没时间。

涌水量的各种计算方法都有各自不同的条件和要求。若计算方法选择不合适，预测结果同样不可靠，下面仅就几种常用的矿坑涌水量计算方法加以简要介绍。

（1）各种类型的比拟法。要求比拟的矿区水文地质条件相似，一般只适用老矿区用上一水平的水量来推求下一水平的水量。

（2）相关分析法和 $Q—S$ 曲线外推法。要求抽水试验或坑道放水试验的流程尽量多一些，以便建立曲线方程或回归方程。另外，要求抽水试验或坑道入水试验降深尽量大一些，因为曲线外推法要求外推降深不超过抽水试验或放水试验最大降深的 2 倍。否则，外推过大，预测结果的可行性就难于保证。

应用上述两种方法预测涌水量应满足 2 个条件：①抽水降深可以很大、含水层富水性较弱的矿山；②矿区疏干或放水试验阶段，用上一水平实测矿坑涌水量推算下一水平的涌水量。

对新设计矿山来说，勘探阶段抽水试验降深都比较小，而要求外推范围比较大时，可行性就差，所以大多不宜采用。

（3）稳定流解析法。只能计算出不随时间变化的平衡状态下的稳定动流量。由于地下水的实际运动状态总是在不断变化，因而，稳定流解析法的应用有一定的局限性，严格来说，它只适用于定水头边界条件下的径流计算。

（4）非稳定流解析法。非稳定流解析法较稳定流的观点有了新的发展，它引进了时间因素。非稳定流理论认为含水层是可以压缩的弹性体，随着排水的水位下降，含水层能释放出一部分贮存的水。因而，不但在潜水含水层中抽水是一个逐渐疏干含水层的过程，而且在承压含水层中排水也是一个不断消耗贮存水的过程。随着排水时间的延续，各集水构筑物汇流的地下水流场中的任意点水头总是在不断变化，地下水始终处于非稳定流运动状态。所以，即使在矿区动流量补给不足、以静贮量为主条件下的矿井，依然可以用非稳定流解析法进行预测在任意点水位降低情况下指定时间的矿坑涌水量。

（5）数值解法。数值解法是目前矿坑涌水量计算最完善的一种方法。它能反映复杂矿区水文地质条件下储水层平面上和垂直方向上的非均质性、多个含水层的越流补给、"天窗"和河流的渗漏问题，以及复杂边界条件等种种因素的影响。在矿坑涌水量计算中数值解法所得结果更接近实际，不过这种方法需有大量的基础资料才能完成。

5. 突然涌水的预测与防治

（1）突然涌水的特征。在大气降水较多的地区，雨季暴雨量大，矿井突水与降雨关系密切，突水来势凶猛，随着降雨减弱或中止后，涌水量衰减很快，矿井恢复中的排水工作比较简单；当地表水为突水水源时，突水均以动流量为主，其突水的猛烈程度与地表水体的规模和突水途径的沟通情况密切相关；若地表水体规模大、途径畅通，突水程度就猛烈，突水量可长期不衰；当老窑水为突水水源而且具有较大的积水空间时，瞬时突水量将特别大。若老窑水无补给源，放空后突水将终止，矿井恢复比较容易；若补给源水量大，则问题就很复杂。

（2）突水水源。矿井突然涌水的主要水源有地下水、地表水、大气降水、径流及老窑水。突水水源可能仅由上述一种水源构成，也可能由上述两种或两种以上水源的参与。

（3）突水通道。形成矿井突水的通道形式很多，大致可分为导水构造带、岩溶通道、由抽排地下水引起的地面塌陷、由采矿后顶板岩石移动产生的通道和未封或封孔质量不佳的钻孔等。

（4）突水预测。矿井突水必须具备突水产生的条件，不同突水源，突水条件也不同的。地表水源突水产生的条件多为：井巷揭露了沟通地表水体的导水构造带、岩溶通道、未封或封孔质量不佳的钻孔；采矿的崩落带或导水裂隙扩展到了水体分布区；疏干排水引起的地面塌陷发展到了地表水体分布区。

地下水源突水产生的条件多为：井巷在较高水位条件下揭露了含水层、岩溶、裂隙通道；导水构造带、沟通间接顶板、底板、侧向含水层的导水构造时或采矿后顶板岩石移动产生的通道沟通了间接顶板或间接侧向含水层时；有时在矿体与间接底板、间接顶板和间接侧向地下水源之间并无突水通道，但由于开凿巷道或矿体开采后，在静水压力的作用下可能产生隔水层鼓破而导致突水。

老窑水源突水产生的条件多为：井巷沟通了积水老窑或与其相贯通的导水构造、岩石通道、未封或封孔质量不佳的钻孔；采矿的垮落带、导水裂隙通到老窑积水区。

（5）突水防治。矿井突然涌水防治的方法、措施主要有两方面，一是处理突水水源；二是处理突水通道。前者包括对含水层的疏干、降压，放空老窑积水，进行河流改道、防渗及其他一些与此有关的处理措施；后者包括在地下构筑防水帷幕、防渗墙、留设矿岩柱、用局部注浆方法或挡水墙的方式处理突水点，填堵塌陷等等。此外，还可采用防水门、挡水墙来减小突水后对矿井的危害，采用超前钻探水来指导井巷在有突水威胁地段的施工，以及采用其他一系列成熟的施工、生产安全管理措施。

6. 矿井基建阶段防治突水的方法和措施

（1）从安全角度出发，合理安排施工顺序。一般在每个阶段开拓时，首先开凿水仓、水泵房，保证排水设施尽快建立，然后施工防水闸门，再开拓其他工程。

（2）为给矿井基建创造安全条件，根据需要可利用放水孔提前放水疏干。

（3）在组织设计中，对所有突水可疑地段的井巷施工，作出具体的超前探水设计，布置好突水发生时的撤退路线。

（4）在井巷开拓时期，提前完成观测网的施工并进行观测，以及时掌握地下水动态，指导井下工程安全施工。

（5）井巷施工时，及时进行水文地质编录、分析和研究。

（6）在基建阶段受地表水威胁的矿区，要合理安排地面防水工程的施工顺序。受地表水体威胁的塌陷发生后，及时进行处理。

（7）在岩溶发育的裸露型矿床，矿井有暴雨后突然涌水的可能时，要与当地气象部门取得联系，以便及时预报并采取安全防御措施。

（8）在井巷施工时，对矿床疏干无益和影响基建施工的突水点，采用注浆或水闸墙予以封堵。

（9）在施工中出现新的水文地质情况、发现疏干设计存在问题时，应及时提出修改设计的意见。

（10）保证各项疏干排水工程按设计的进度要求竣工，并给予维护和保养，使地下水位在预定期限内降到设计规定的高度。

（11）矿井突水淹没后，采用堵水、强排、排堵结合的方法给以恢复。

7. 矿井生产阶段防治突水的方法和措施

随着采矿的发展和延深，为使矿山能正常持续地生产，还需适时地开拓新水平或新区段，因此，上述基建阶段突水防治工作的主要方法和措施，也基本上适用于本阶段。除此以外，还要做如下工作：

（1）对采矿形成的地面崩落区，在条件允许的情况下，用原地黏性土填堵裂缝和崩落坑，必要时，在适当位置安设移动式临时泵站，以排除崩落区内降雨积水；随着崩落区的扩展，调整区外截水沟的位置。

（2）在地表水体或上覆间接顶板含水层下开采的矿床，及时建立顶板岩石移动观测网，并进行系统观测，以随时掌握开采过程中顶板岩石移动的发展情况，防止矿床顶板突然涌水。

（3）按设计建议和治水方式，或根据新的水文地质情况，采用其他更优的治水方式，保证疏干降落曲线满足采矿延续时防止突然涌水的需要。

（4）随着开采范围的扩展和延深及疏干漏斗的扩大，及时增补地下水动态观测孔。

二、矿山防水与排水的任务及措施

1. 矿山防排水的任务

在矿山地下开采过程中，由于土壤和岩层中含水的涌出，雨雪和江河中水的渗透，水砂充填和水力采矿的供水，将有大量的水昼夜不停地汇集于井下。如果不能及时地将这些积水排送到井上，井下的安全生产就得不到保障，严重时，还会使矿井生产中断或被淹没。矿井排水设备的任务就是把坑内积水及时排送到地面上。

露天矿山的防水与排水是保证矿山安全和正常生产的先决条件。凹陷露天矿本身就相当于一口大井，从客观上它就具备了汇集大气降水、地表径流和地下涌水的条件。因此在露天矿的整个生产期间，甚至基建期间都要采取有效的防、排水措施。特别是当开发大水矿床时，防水与排水技术的先进性和措施的完善程度尤为重要。

2. 地下防水的主要措施

（1）矿山地质测量部门必须调查核实矿区范围内的小矿井、老井、老采空区，现有生产井中的积水区、含水层、岩溶带、地质构造等详细情况，并填绘矿区水文地质图；查明矿坑水的来源，掌握矿区水的运动规律，摸清矿井水与地下水、地表水和大气降雨的水力关系，判断矿井突然涌水的可能性。

（2）对积水的旧井巷、老采区、江、河、湖、海、沼泽、含水层、岩溶带和不安全地带，须制定预防突然涌水的安全措施后方准采矿。矿柱或安全地段的尺寸，应根据地质构造等情况在设计中具体规定。

（3）水文地质条件复杂的矿山，必须在地下水泵房周围设置防水闸门。对接近水体而又有断层通过的地区或与水体有联系的可疑地段，必须坚持"有疑必探，先探后掘"的原则，编制探水设计。探水孔的位置、方向、数目、孔径、每次钻进的深度和超前距离，应根据水头高低、岩石结构与硬度等条件在设计中规定。

（4）通往含水带、积水区、放水巷和有突然涌水可能的巷道，应在巷道的一侧悬挂绳子（管道）作扶手，并在岩石稳固地点建筑有闸门的防水墙。闸门应朝来水方向打开。防水墙的位置、数量及结构，应由设计确定。

（5）相邻的井巷或矿块，如果其中之一有涌水危险，则应在井巷矿块间留出隔离安全矿柱，矿柱尺寸由设计确定。

（6）凿探水眼时，若发现岩石变软，或沿钻杆向外流水超过正常凿岩供水量等现象，必须停止凿岩。此时，不得移动钻杆，除派人监视水情外，应立即报告主管矿长采取安全措施。

（7）掘进工作面或其他地点发现透水预兆时，如出现工作面"出汗"、顶板淋水加大、空气变冷、产生雾气、底板涌水或其他异常现象，必须立即停止工作，并报告主管矿长，采取措施。如果情况紧急，必须立即发出警报，撤出所有可能受水威胁地点的人员。

（8）探水、放水工作，应由有经验的人员根据专门设计进行；放水量应按照排水能力和水仓容积进行控制。

（9）被淹井巷的排水、探水和放水作业，为预防被水封住的有害气体逸出造成危害，必须事先采取通风安全措施，并使用防爆照明灯具。

（10）受地下水威胁的矿井，应考虑矿床疏干问题。井巷开拓，应先进行水仓、水泵房施工，然后进行疏干工程施工；专用的截水、放水巷道，前方应设置防水闸门，闸门应定期检验维修，以确保其经常处于良好状态。

3. 防水的主要措施

（1）必须查清矿区及其附近地表水流系统和汇水面积、河流沟渠汇水情况、疏水能力、积水区和水利工程情况，以及当地日最大降雨量、历年最高洪水位，并结合矿区特点建立和健全防水、排水系统。

（2）每年雨季前一季度，应由主管矿长组织 1 次防水检查，并编制防水计划，其工程必须在雨季前竣工。

（3）矿井（竖井、斜井、平硐等）井口的标高，必须高于当地历史最高洪水位 1 m

以上。

（4）井下疏干放水有可能导致地表塌陷时，必须事前将塌陷区的居民迁走，公路和河流改道，才能进行疏放水。

（5）矿区及其附近积水或雨水有可能侵入井下时，必须根据具体情况，采取下列措施：①容易积水的地点应修筑泄水沟。泄水沟应避开矿层露头、裂缝和透水岩层。不能修筑沟渠时，可用泥土填平压实；范围太大无法填平时，可安装水泵排水。②矿区受河流、洪水威胁时，应修筑防水堤坝。③漏水的沟渠和河流，应及时防水、堵水或改道。④排到地面的井下水，应引出矿区。⑤雨季应设专人检查矿区防洪情况。⑥地面塌陷、裂缝区的周围，应设截水沟或挡水围堤。⑦有用的钻孔，必须妥善封盖。报废的竖井、斜井、探矿井、钻孔和平硐等，必须封闭，并在周围挖掘排水沟，防止地表水进入地下采区。

（6）废石、矿石和其他堆积物，必须避开山洪方向，以免淤塞沟渠和河道。

三、矿山排水系统

1. 地下矿山排水系统

为确保矿井安全生产，防止地表水涌入井下，要及时地把矿井内积水排出地表，这样才能保证矿井的正常生产。根据矿井深度、开拓方式以及各水平涌水量大小，可采用不同的排水系统，如直接排水系统，分段排水系统，多水平同时开采的排水系统。

（1）直接排水系统。竖井单水平开采时，可以将全部坑道的水聚集于水仓中，用排水装置直接排至地面，或矿井开采水平不多，且下水平涌水量大于上水平涌水量时，通常采用直接排水，即将泵房建在最下水平，一次将水排至地表。

采用直接排水，系统简单，开拓工程量小，基建投资和管理费用低；但上一水平的水要流到下一水平再排出，则增加了电耗。因此当采用直接排水时，应按照节能的原则，尽可能利用上部水平涌水的位能，例如将上部水平的涌水用管子接入下部水平水泵的吸水管中。

（2）分段排水系统。若矿井较深，排水所需压力超过了水泵可能产生的扬程时，可以采用分段排水系统；当上部水平涌水量很大，下部水平涌水量很小，也宜采用分段排水，排水泵站通常建立在涌水量最大的水平。

（3）多水平同时开采的排水系统。两个以上水平同时开采，各水平可分别设置排水装置，把水直接排至地面，此方案的优点是上下水平互不干扰，缺点是装置多，管路多。当某一水平水量小时，可以将水自然流入或用排水装置汇集于水大的水平，由该水平的排水装置排至地面。

平面排水系统有集中排水和分区排水之分。若矿区范围不大，通常采用集中排水；若矿区范围很大，井筒数目较多，可以考虑分区排水，各分区自成系统。

2. 露天矿山排水系统

露天矿排水主要指排除进入凹陷露天矿采场的地下水和大气降水，它分为露天排水（明排）和地下排水（暗排）两大类4种方式。

（1）露天矿自流排水方式。当山坡型露天矿有自流排水条件时，可利用水平硐导通自流排水。优点是安全可靠，基建投资少，排水经营费低，管理简单。缺点是受地形条件限制。

（2）露天矿采场底部集中排水方式。汇水面积小，水量小的中、小型露天矿，可采用采矿场底部集中排水方式，如图 14 - 1 所示。开采深度浅，下降速度慢或干旱地区的大型露天矿也可采用这种集中排水的半固定式泵站或移动式泵站。它的优点是基建工程量小、投资少，移动式泵站不受淹没高度限制，施工较简单。缺点是泵站移动频繁，露天矿底部作业条件差，开拓延深工程受影响，排水经营费高，半固定式泵站受淹没高度限制。

（3）露天矿采场分段截流永久泵站排水方式。汇水面积大、水量大的露天矿，可采用分段截流排水系统，如图 14 - 2 所示。开采深度大、下降速度快的露天矿也多采用此种方式。优点是露天矿底部水平积水较少，开采作业条件和开拓延深工程条件较好，排水经营费低。缺点是泵站多、分散，最低工作水平仍需有临时泵站配合，需开挖大容积贮水池、水沟等工程，基建工程量较大。

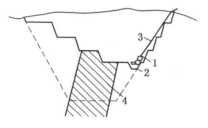

1—水泵；2—水仓；3—排水管；4—矿体

图 14 - 1　露天矿采场底部集中排水方式示意图

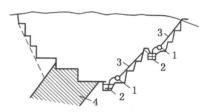

1—水泵；2—水仓；3—排水管；4—矿体

图 14 - 2　露天矿采场分段截流排水系统

（4）露天矿井巷排水方式。图 14 - 3 和图 14 - 4 所示的排水系统，适用于地下水量大的露天矿，深部有坑道可以利用的露天矿，需预先疏干的露天矿，深部用坑内开采、排水巷道后期可供开采利用的露天矿。优点是采场经常处于无水状态，开采作业条件好，对穿爆采装运等工艺作业创良好条件，不受淹没高度限制，泵站固定。缺点是井巷工程量多，基建投资多，基建时间长，前期排水经营费高。

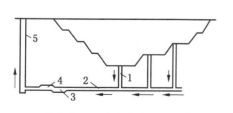

1—泄水井；2—集水巷道；3—水仓；
4—水泵房；5—竖井

图 14 - 3　露天矿垂直泄水的地下
井巷排水系统示意图

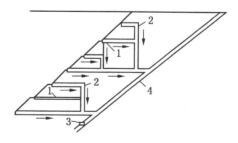

1—泄水平巷；2—泄水天井；
3—集水平巷；4—泄水斜井

图 14 - 4　露天矿水平、垂直、
倾斜巷道排水系统示意图

第二节　离心式水泵的性能估算及经济运行

一、离心式水泵的性能估算

1. 流量估算

（1）根据水轮口径估算流量：

$$Q_g = \frac{d_k^2}{75} \qquad (14-1)$$

式中　Q_g——水泵估算流量，m^3/h；

　　　　d_k——水轮口径，mm。

上式对多级水泵的流量估算值往往稍偏大。

（2）根据叶轮直径和出口宽度估算流量：

$$Q_g = 28.2D_2b_2 \qquad (14-2)$$

式中　Q_g——水泵估算流量，m^3/h；

　　　　D_2——叶轮的直径，m；

　　　　b_2——叶轮出口宽度，mm。

2. 扬程的估算

（1）根据级数、叶轮直径和转速估算扬程：

$$H_g = 0.000137iD_2^2n^2 \qquad (14-3)$$

式中　H_g——水泵估算扬程，m；

　　　　i——水泵级数；

　　　　D_2——叶轮直径，m；

　　　　n——水泵（电动机）转速，r/min。

（2）根据级数、叶轮直径和电动机极对数来估算扬程：

$$H_g = i\frac{D_2^2}{1000p^2} \qquad (14-4)$$

式中　H_g——水泵估算扬程，m；

　　　　i——水泵级数；

　　　　D_2——叶轮直径，mm；

　　　　p——电动机极对数。

（3）根据转速和叶轮直径估算扬程：

转速 $n=2900\ r/min$ 时，

$$H_g = \frac{D_2^2}{10} \qquad (14-5)$$

转速 $n=1450\ r/min$ 时，

$$H_g = \frac{D_2^2}{40} \qquad (14-6)$$

式中　H_g——水泵估算扬程，m；

D_2——叶轮直径，cm。

3. 配用功率估算

$$P_d = \frac{QH}{200} \tag{14-7}$$

式中 P_d——水泵配用功率，kW；

Q——水泵流量，m^3/h；

H——水泵的扬程，m。

4. 所需水泵的总扬程的估算

$$H = KH_{sy} = K(H_x + H_p) \tag{14-8}$$

式中 H——所需水泵的总扬程，m；

H_{sy}——实际扬程，m；

H_x——吸水扬程，一般取 5.5 m；

H_p——排水扬程，m；

K——管路损失扬程系数：垂直管路 $K = 1.1 : 1.15$；倾斜管路 $K = 1.3 : 1.35$（倾角 $\alpha < 20°$），$K = 1.25 : 1.3$（$20° < \alpha < 30°$），$K = 1.20 : 1.15$（$\alpha > 30°$）。

二、离心式水泵的经济运行

矿井排水设备在生产过程中所消耗的电能，一般占矿井总用电的 10% ~ 30%。因此，改善矿井排水工作，实现经济运行，从各方面提高排水系统效率，不仅有利于矿井的安全生产，而且也是节约用电的一项重要措施。

1. 合理选择水泵的工况点

水泵运行工况离设计工况越远，效率越低。因此，在水泵的特性曲线上，只有最佳效率的一段，才符合合理选择工况点要求，如图 14-5 所示。从经济运行考虑，选取排水系统实际工况时，最好选在高效点的右侧（M—M_2）。如选在最高效率点，在运行过程中，由于水泵叶轮等部件的磨损以及管路积垢等原因，工况点会左移（M'点），这时效率将明显下降，如选在右侧，工况点左移后，接近最高效率点，而在 M—M_2 区域内，这时水泵效率虽然低于最高效率，但系统效率较高。

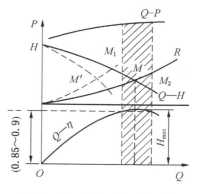

图 14-5 水泵正常工作区域

对运行中的水泵，要定期进行技术测定，以了解其工作状况。

2. 调节水泵扬程

当水泵选择不当、扬程过高时，为防止过负荷或汽蚀现象的发生，有的采取关小闸阀的方法来控制流量。这是非常不经济的，应该调整水泵扬程，使之与实际扬程相适应。调整的方法有三种：

（1）减少叶轮数目。

（2）削短叶轮叶片。

（3）改变叶轮转速。

3. 降低排水管路阻力

降低管路阻力，可以使管阻特性曲线变缓，工况点右移，阻力损失减少，流量增加，系统效率提高，排水电耗下降。对现用排水系统，降低管路阻力的方法主要有以下几种：

（1）清扫排水管路积垢。排水管积垢后使管路阻力增加，管路特性变陡，工况点左移。这时要清扫管路，改善工况。清扫方法有用刷子清扫，用石子清扫、用棘球清扫等。

（2）实行多管、大直径管排水。《煤矿安全规程》规定，排水管路应当有工作和备用水管。为了降低管路阻力，在设计排水管路时，多设一趟管路以满足两台水泵的排水需要，可在平时采用一台泵走一趟管路，另外也可以充分利用备用管路，使之管阻减小。

采用多管排水时，必须注意单管排水时水泵的实际工况点。单管排水工况点在最高效率点的左侧，实行多管排水效果显著；单管排水工况点已在高效点的右侧，实行多管排水后的工况点将会继续右移，若不出现汽蚀，电动机也不过载，多管排水仍是经济的（因为流量增大，系统效率增大）；若出现汽蚀现象，则效率将会显著地下降，不易采用多管排水。

（3）斜井采用垂直钻孔管路排水。在与井下水泵房位置对应的地面，选择最近垂直距离打一钻孔，在钻孔内敷设排水管通向泵房，这种排水方法，比斜井排水优越。在同一泵房，垂直管路阻力大为减少，管路特性趋向平缓，在经济上受益很大。

4. 减少吸程阻力

（1）采用无底阀排水。无底阀排水就是去掉水泵底阀，利用真空泵或射流泵抽出吸水管和泵体内的空气而使泵体内充水，给开泵创造条件。这种方法操作简单，便于实现自动化，减少了由于底阀而产生的各种故障。使用射流泵不需动力，更加经济可靠。

（2）采用正压排水。正压排水就是将水仓布置在泵房水平以上（淹没式泵房），利用水位静压向水泵内注水，可显著提高排水系统效率，减少吸水故障。当然，正压排水必须有可靠的安全措施，这是很关键的问题。

第六部分

高级矿井泵工技能要求

第十五章 相 关 技 能

第一节 验电器的使用方法及安全要求

一、验电器的使用方法

低压验电器（电笔）使用时，正确的握笔方法如图 15 - 1 所示。手触及其尾部金属体，氖管背光朝向使用者，以便验电时观察氖管辉光情况。当被测带电体与大地之间的电位差超过 60 V 时，用电笔测试带电体，电笔中的氖管就会发光。低压验电器电压测试范围是 60 ~ 500 V。高压验电器使用时，应特别注意的是，手握部位不得超过护环，还应戴好绝缘手套。高压验电器握法如图 15 - 2 所示。

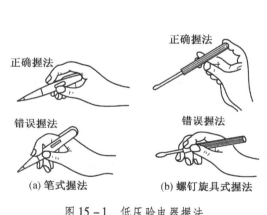

图 15 - 1 低压验电器握法

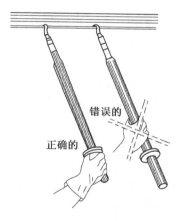

图 15 - 2 高压验电器握法

二、验电器的使用要求

（1）验电器使用前应进行测试检查，确认验电器良好后方可使用。

（2）验电时应将电笔逐渐靠近被测体，直至氖管发光。只有氖管不发光，并在采取防护措施后，才能与被测物体直接接触。

（3）使用高压验电器验电时，应一人测试，一人监护。测试人必须戴好符合耐压等级的绝缘手套，测试时要防止发生相间或对地短路事故，人体与带电体应保持足够的安全距离。

（4）在雪、雨、雾及恶劣天气情况下不宜使用高压验电器，以避免发生危险。

三、低压验电器的用途

区别相线与零线、识别相线碰壳等。

第二节　常用电工仪表的使用

一、万用表的使用

万用表是一种可以测量多种电量的多量程便携式仪表。可用来测量交流电压、直流电压、直流电流和电阻值等，是维修电工必备的测量仪表之一。现以 500 型万用表为例，介绍其使用方法及使用时的注意事项。

1. 万用表表棒的插接

测量时将红表棒短杆插入"＋"插孔，黑表棒短杆插入"－"插孔。测量高压时，应将红表棒短杆插入 2500 V 插孔，黑表棒短杆仍旧插入"－"插孔。

2. 交流电压的测量

测量交流电压时，将万用表右边的转换开关置于测交流电压位置，左边的转开关（量程选择）选择到交流电压所需的某一量限位置上。表棒不分正负，用手握住两表棒绝缘部位，将两表棒金属头分别接触被测电压的两端，观察指针偏转，读数，然后从被测电压端断开表棒。如果不清楚被测电压的高低，则应选择表的最大量限，交流 500 V 试测。若指针偏转小，就逐级调低量限，直到合适的量限时，进行读数。交流电压量限有 10 V、50 V、250 V 和 500 V 4 挡。

读数：量限选择在 50 V 及 50 V 以上各挡时，读标度尺，即标度盘至上而下的第 2 行标度尺读取测量值。选择交流 10 V 量限时，应读交流 10 V 专用标度尺，即标度盘至上而下的第 3 行标度尺读取测量值。各量限表示为满刻度值。例如，量限选择为 250 V，表针指示为 200，则测量读数为 200 V。

3. 测量直流电压的方法

测量直流电压时，将万用表右边的转换开关置于测直流电压位置，左边的转换开关（量程选择）选择到直流电压所需的某一量限位置上。用红表棒金属头接触被测电压的正极，黑表棒金属头接触被测电压负极。测量直流电压时，表棒不能接反，否则易损坏万用表。若不清楚被测电压的正负极，可用表棒轻快地碰触一下被测电压的两极，观察指针偏转方向，确定出正负极后再进行测量。如被测电压的高低不清楚，量限的选择方法与交流电压的量限选择相同。直流电压的读数与交流电压读同一条标度尺。

4. 测量直流电流的方法

测量直流电流时，将左边的转换开关置于 A 位置，右边的转换开关选择在直流电流所需的某一量限。再将两表棒串接在被测电路中，串接时注意按电流从正到负的方向。若被测电流方向或大小不清楚时，可采用前面讲的方法进行处理。

5. 测量电阻值的方法

测量电阻时，将左边的转换开关置于 Ω 位置，右边的转换开关置于所需的某一 Ω 挡位。再将两表棒金属头短接，使指针向右偏转，调节调零电位器，使指针指示在欧姆标度尺"0"位置上。欧姆调零后，用两表棒分别接触被测电阻两端，读取测量值。测量电阻时，每转换一次量限挡位需要进行一次欧姆调零，以保证测量的准确性。

读数：读 Ω 标度尺，即标度盘上第 1 行标度尺。将读取的数再乘以倍率数就是被测电阻的电阻值。例如，当万用表左边转换开关置于 Ω 位置，右边转换开关置于 100 挡位时，读数为 15，则被测电阻的电阻值为 $1500(15 \times 100)\Omega$。

6. 使用万用表时应注意的事项

（1）使用万用表时，应仔细检查转换开关位置选择是否正确，若误用电流挡或电阻挡测量电压，会造成万用表的损坏。

（2）万用表在测试时，不能旋转转换开关。需要旋转转换开关时，应让表棒离开被测电路，以保证转换开关接触良好。

（3）电阻测量必须在断电状态下进行。

（4）为提高测试精度，倍率选择应使指针所指示被测电阻之值尽可能指示在标度尺中间段。电压、电流的量限选择，应使仪表指针得到较大的偏转。

（5）为确保安全，测量交直流 2500 V 量限时，应将测试表棒一端固定在电路地电位上，另一测试表棒去接触被测交压电源。测试过程中应严格执行高压操作规程，双手必须带高压绝缘手套，地板上应铺置高压绝缘胶板。

（6）仪表在携带时或每次用毕后，最好将两转换开关旋至"·V"位置上，使表内部电路呈开路状态。

二、兆欧表的使用

1. 兆欧表的选用

选用兆欧表时，其额定电压一定要与被测电器设备或线路的工作电压相适应，测量范围也应与被测绝缘电阻的范围相吻合。表 15 - 1 列举了一些在不同情况下兆欧表的选用要求。

表15-1 不同额定电压的兆欧表的选用   V

测 量 对 象	被测绝缘的额定电压	所选兆欧表的额定电压
线圈绝缘电阻	500 以下	500
	500 以上	1000
电机及电力变压器线圈绝缘电阻	500 以上	1000 ~ 2500
发电机线圈绝缘电阻	380 以下	1000
电气设备绝缘	500 以下	500 ~ 1000
	500 以上	2500
绝 缘 子	—	2500 ~ 5000

2. 兆欧表的接线和使用方法

兆欧表有 3 个接线柱，上面分别标有线路（L）、接地（E）和屏蔽或保护环（G）。

用兆欧表测量绝缘电阻时的接法如图 15 - 3 所示。

（1）照明及动力线路对地绝缘电阻的测量。如图 15 - 3a 所示，将兆欧表接线柱 E 可靠接地，接线柱 L 与被测线路连接，按顺时针方向由慢到快摇动兆欧表的发电机手柄，大约 1 min 时间，待兆欧表指针稳定后读数。这时兆欧表指示的数值就是被测线路的对地绝缘电阻值，单位是 MΩ。

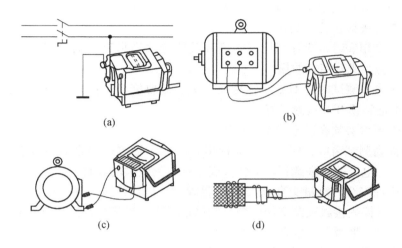

图 15 - 3　兆欧表测量绝缘电阻的接线方法

（2）电动机绝缘电阻的测量。拆开电动机绕组的 Y 或 △ 形联结的连线，用兆欧表的两接线柱 E 和 L 分别接电动机的两相绕组，如图 15 - 3b 所示，摇动兆欧表的发电机手柄读数。此接法测出的是电动机绕组的相间绝缘电阻。电动机绕组对地绝缘电阻的测量接线如图 15 - 3c 所示，接线柱 E 接电动机机壳（应清除机壳上接触处的漆或锈等），接线柱 L 接电动机绕组上，摇动兆欧表的发电机手柄读数，测量出电动机对地绝缘电阻。

（3）电缆绝缘电阻的测量。测量时的接线方法如图 15 - 3d 所示，将兆欧表接线柱 E 接电缆外壳，接线柱 G 接电缆线芯与外壳之间的绝缘层上，接线柱 L 接电缆线芯，摇动兆欧表的发电机手柄读数。测量结果是电缆线芯与电缆外壳的绝缘电阻值。

3. 使用注意事项

（1）测量设备的绝缘电阻时，必须先切断设备的电源。对含有较大电容的设备（电容器、变压器、电机及电缆线路），必须先进行放电。

（2）兆欧表应水平放置，未接线之前，应先摇动兆欧表，观察指针是否在 "∞" 处，再将 L 和 E 两接线柱短路，慢慢摇动兆欧表，指针应指在零处。经开、短路试验，证实兆欧表完好方可进行测量。

（3）兆欧表的引线应用多股软线，且两根引线切忌绞在一起，以免造成测量数据不准确。

（4）兆欧表测量完毕，应立即使被测物放电，在兆欧表的摇把未停止转动和被测物未放电前，不可用手去触及被测物的测量部位或进行拆线，以防止触电。

（5）被测物表面应擦拭干净，不得有污物（漆等）以免造成测量数据不准确。

三、钳形电流表的使用

钳形电流表是一种不需断开电路即可测量电流的电工用仪表。

1. 钳形电流表的使用方法

使用时，首先将其量程转换开关转到合适的挡位，手持胶木手柄，用食指等四指钩住铁芯开关，用力一握，打开铁芯开关，将被测导线从铁芯开口处引入铁芯中央，松开铁芯开关使铁芯闭合，钳形电流表指针偏转，读取测量值，再打开铁芯开关，取出被测导线，即完成测量工作。

2. 钳形电流表使用时的注意事项

（1）被测线路电压不得超过钳形电流表所规定的使用电压，以防止绝缘击穿，导致触电事故的发生。

（2）若不清楚被测电流大小，应由大到小逐级选择合适挡位进行测量。不能用小量程挡测量大电流。

（3）测量过程中，不得转动量程开关。需要转换量程时，应先脱离被测线路，再转换量程。

（4）为提高测量值的准确度，被测导线应置于钳口中央。

四、转速表的使用

转速表是用来测量电动机转速和线速度的仪表。使用时应使转速表的测试轴与被测轴心在同一水平线上，表头与转轴顶住。测量时手要平稳，用力合适，要避免滑动丢转，发生误差。

转速表在使用时，若对欲测转速心中无数，量程选择应由高到低，逐挡减小，直到合适为止。不允许用低速挡测量高速，以避免损坏表头。

测量线速度时，应使用转轮测试头。测量的数值按下面公式计算：

$$\omega = Cn$$

式中　ω——线速度，m/min；

　　　C——滚轮的周长，m；

　　　n——滚轮的转速，r/min。

五、仪表的维护保养

（1）在搬动和使用仪表时，不得撞击和振动，应轻拿轻放，以保证仪表测量的准确性。

（2）应保持仪表的清洁，使用后应用细软洁净布擦拭干净，不使用时，应放置在干燥的箱柜里保存。避免因潮湿、曝晒以及腐蚀性气体对仪表内部线圈和零件造成霉断和接触不良等损坏。

（3）仪表应设专人保管，其附件和专用线应保持完整无缺。

（4）常用电工仪表应定期校验，以保证其测量数据的精度。

第十六章　操　作　技　能

第一节　管道常见故障及其相关设备、设施的故障处理

一、管道的磨损、堵塞

矿井排水中往往带有一定量的泥浆或一定量的颗粒，对管道会造成一定的磨损。对于水平或倾斜安装的管道，底面比侧面和上面磨损较重，弯头处磨损也比较严重。若输送的液体杂物较多，还容易在弯头和管道变径处堵塞。因此，正常的解决方法是，定期检查管道的磨损情况，定期翻转管道，在泵的入口处加装滤网，及时处理杂物。对于承受压力较大的管道，当磨损到一定程度，必须及时更换。

二、管道的锈蚀、弯形、折断

位于矿井或置于酸碱性介质中的管道，腐蚀大于磨损。由于环境潮湿和酸碱介质的影响，管道往往因锈蚀而报废，腐蚀是管道的主要失效形式。因此管道安装前必须采取严格的防腐措施，安装后再对接口进行防腐处理，隔5年再进行1次检查。必要时，进行2次防腐处理。

对于长距离的输送管路，每隔一定的距离，要有管道支承，且必须牢固。由于支承的变形、松动，失去对管道的支承作用而使管道变形，甚至断裂。在寒冷的北方地区，停用的管道必须及时放空水，避免管道被冻裂。

三、伸缩节

对于较长的管道（≥200 m）或温差变化较大的环境，管道必须加装伸缩节，常见的故障有：

1. 渗漏

（1）原因：填料损坏、密封圈损坏、内外套偏移或间隙过大。

（2）措施：更换填料和密封圈，重配内外套使间隙在合理范围内。

2. 起不到伸缩作用

（1）原因：处于极限位置、内外套不同轴。

（2）措施：安装时伸缩节留有一定的伸缩量、调整内外套使其同轴。

四、管道支架

管道支架通常由金属或水泥做成，常见故障是失去支架的支承固定作用，因此发现问

题要及时采取措施，加固或更换新支架，避免管道发生位移。

第二节　水锤现象及防治

一、水锤现象

当水泵、管道阀门突然开启或停止时，管路中的流速就会急剧变化，由于液体的惯性作用，必然引起管中液体压强的上升或下降，伴随而来的有液体的锤击声音，称为水锤现象。水锤分直接水锤和间接水锤。直接水锤是指水流突变的时间小于水锤波的周期时所引起的水击现象；间接水锤是指水流突变的时间大于水锤波的周期时所引起的水击现象。

直接水锤通常是指停泵水锤。在泵站运行中，一般是先关闭阀门后停泵，但有时因事故停电或操作不当等原因，停泵前不能关闭阀门。这时，水泵出口流速突然下降，水流中断，前段的水流在惯性力作用下，继续向前流去，后段形成一个充满逸出气体的空间，水流分离。流向高处或前方的水流，动能转为位能后，使水回流，迫使分离的水流弥合，使管内压力猛升，继而下降，反复冲击，管内水压起伏剧变，如图16－1

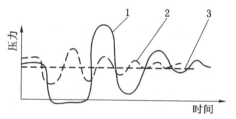

1—突然停泵水锤压力波形曲路；2—正常停泵水锤压力波形曲线；3—静水压力

图16－1　水泵工作压力图

所示。流速越大，所产生的水锤冲击波也越大，在摩擦阻力作用下压力波逐渐变小，最后趋于静水压力状态，这就是形成直接水锤的原因。

当管道阀门关闭得相当快或迅速向空管内灌水时，也可能产生直接水锤现象。但事实并非如此，阀门不可能瞬时关闭，空管内也不可能被瞬时注满水。当阀门关闭或注水时间较长时，在管道中产生的水击现象称为间接水锤。在相似的水流条件下，间接水锤比直接水锤的能量要小，危害也较弱。

水锤现象引起的压强升高，有时非常大，可能引起管道爆裂；水锤引起的压强降低，管内形成真空，有可能使管路扁缩而损坏。

二、水锤防治

水锤现象的发生对管路十分有害，必须设法减弱它的作用。常用的几种方法为：
（1）缓慢关闭阀门，使用电动阀门和液压阀门时应控制阀门的启动和关闭速度。
（2）缩短管路长度。
（3）在管路上装置空气室。
（4）在管路上装置安全阀。
（5）在管路上装置调压阀。
（6）在条件许可时，可考虑采用取消止回阀和底阀，并允许水泵倒转的措施，以消除或减小突然停泵所引起的水锤。但注意水泵倒转的转速不能超过电机的允许转速。

三、水锤消除设备

1. 常见水锤消除设备的分类

水锤消除设备对安全排水起着重要作用。下面介绍几种常见的水锤消除器。

（1）下开式停泵水锤消除器。下开式停泵水锤消除器，如图 16 - 2 所示，适用于消除泵站输水管因突然停泵所产生的由降压开始的水锤压力，不适于消除压力管道上因迅速关闭闸阀所产生的由升压开始的水锤压力。

当给水管道正常工作时，水锤消除器中阀瓣被管内工作压力产生的上托力托住，使上下密合圈密合，呈准备状态。一旦突然停泵，管内发生停泵水锤的降压时，托住阀瓣的上托力随着压力的下降而减少，由于重锤和阀瓣的重量使阀瓣迅速离开上密合圈，落在分水锥内，呈释放状态。当回冲水流到来时，止回阀已关闭，水流即自开启的消除器内排出，释放出部分水量，从而消除或减少水锤压力。由于此消除器不能自动复位，在突然停泵后应立即关闭闸阀，进行复位操作。

（2）自动复位下开式水锤消除器。自动复位下开式水锤消除器如图 16 - 3 所示，突然停泵后，管道起端产生压降，水锤消除器的缸体 2 的外部水，经闸阀 7 向下流入管道 8，缸体内的水经止回阀 3 也流入管道，活塞 1 下部受力减少并在重锤 5 的作用下，活塞下降到锥体内（见图中虚线部分），于是排水管 4 的管口开启。当最大水锤压力到来时，高压水经消除器排水管溢出，一部分水经止回阀阀瓣上的钻孔倒流入锥体内（阀瓣上的钻孔直径根据水锤波消失所需要时间而定，一般由试验求得），随着时间的延长，水锤波逐渐消失，缸体内活塞下部的水量慢慢增多，压力加大，直至重锤复位。为了使重锤平稳复位，消除器上部设有缓冲器 6，活塞上升，排水口又关闭，这样就自动完成了一次水锤消除作用。

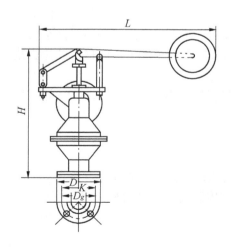

图 16 - 2　下开式停泵水锤消除器

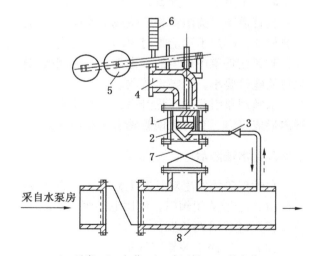

1—活塞；2—缸体；3—止回阀；4—排水管；
5—重锤；6—缓冲器；7—闸阀；8—管道

图 16 - 3　自动复位的下开式水锤消除器

2. 安装水锤消除设备注意事项

（1）水锤消除器应安装在靠近止回阀出口的地方或水锤压力最大处。

（2）水锤消除器的进水管和输水管连接处应装设闸阀。

（3）排水管直径应比消除器进水管直径大一号。

（4）安装时应防止重锤下落所产生的倾覆力矩对三通的影响，同时也要防止下落的重锤冲击管道。

第三节　汽蚀现象及防治

一、汽蚀现象

液体在一定温度条件下，其绝对压强达到汽化压强（饱和蒸汽压强）时，液体汽化为蒸汽。因为泵的叶轮入口处的绝对压强低于大气压强，若绝对压强等于或小于其液化压强，则将有蒸汽及溶解在液体中的气体从液体中大量逸出，形成很多由蒸汽与气体混合的小气泡。这些气泡随液体流至高压区，由于气泡周围的压强大于气泡内的汽化压强，气泡受压而破裂，并重新凝结。液体质点从四周向气泡中心加速冲来，在凝结的一瞬间，质点相互撞击，产生很高的局部压强。若这些气泡在靠近金属表面的地方破裂而凝结，则液体质点将似小弹头连续打击金属表面。金属表面在压强很大、频率很高的连续打击下，逐渐疲劳而破坏，形成机械剥蚀，而且，气泡中还混有一些活泼气体（如氧气），当气泡凝结放出热量时，就会对金属进行化学腐蚀。金属在机械剥蚀与化学腐蚀的作用下，加速损坏。这种现象叫做汽蚀现象。

离心式泵开始发生汽蚀时，汽蚀区域较小，对泵的正常工作没有明显的影响。当发展到一定程度时，气泡大量产生，影响液体的正常流动，甚至造成液流间断、发生振动与噪音，流量、扬程与效率也明显下降。离心式泵在严重的汽蚀状态下运转，发生汽蚀的部位，很快就被破坏成蜂窝状，缩短了泵的使用寿命，造成泵不能工作。

二、汽蚀防治

泵运转时，应避免产生汽蚀现象。为了防止发生汽蚀，可采用以下几种方法：

（1）无底阀排水。无底阀排水就是取消水泵底阀，利用真空泵式射流泵、抽出吸水管使泵体内充水，然后开动水泵。这种排水方式操作简单，减少了由于底阀而产生的故障。无底阀排水主要作用是降低吸上真空高度，增大汽蚀余量，提高排水效率。

（2）高水位排水。矿井水仓最高水位和最低水位之差一般达 3 m。选择高水位排水时，排水总扬程降低，增加有效吸入水头，减少水泵产生汽蚀的可能性。在雨季及水量大的矿井采用高水位排水时，应高度警惕。由于水位高，水仓的储水容积相对减少，为确保矿井安全，不宜采用此方法。对低扬程的大型水泵，一般做成立式，并使叶轮浸没在水中，以防止产生汽蚀。

（3）正压排水。降低泵的转速，可有效地防止汽蚀现象的产生。当必须采用高转速、高效能水泵时，因吸上真空度很低，甚至是负值，就必须考虑正压排水。正压排水就是将水仓布置在泵房水平以上，利用位置静压向水泵内注水。正压排水必须有可靠的安全措施，如泵房的防水闸门应安全可靠，泵房内要有通至大巷的安全出口以及泵房内设安全泵等。正压排水水仓、硐室不得有裂隙漏水。

（4）及时清理吸水小井和水仓，提高水泵的工作效率。

（5）减少通过叶轮的流量。在可能的范围内，用双吸泵代替单吸泵；如果不能改成双吸泵，可用两台以上的泵。

（6）增大吸液管直径，或尽量减少吸入管路的局部阻力，以减少局部阻力损失。

第四节　排水管道的安装

一、管路布置及连接

1. 管路布置

按泵台数和管路趟数可以组合成多种布置方式。图 16 - 4 是一种布置方案。此方案的

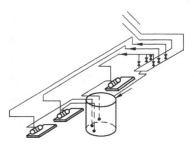

图 16 - 4　管路布置方案

特点是将泵分支管路与干管路分开，在各分支管路上不装控制闸阀和分配闸阀，而是在两者之间设置集中的闸阀系统，进行水泵控制和管路分配。同是三台泵两趟管路，闸阀用量较其他方案少，且闸阀集中并坐落在泵房地板上，大大方便了操作和维修。

该方案另一特点是各泵共用一口大直径的吸水井，吸水井数量的减少，也相应减少了开拓量。其缺点是由于加长了吸水管，增加了吸水阻力损失。

2. 管道连接的方式

目前浆体输送管道连接方式有：

（1）焊接接头。适用于埋设管道，对输送管径无限制，尤其适用于大管径。

（2）法兰盘接头。适用于明设管道，但必须与专用的管道伸缩器配套使用，以满足输送管道热胀冷缩产生应力的需要。法兰盘种类很多，一般分为固定焊接法兰盘、活动盘式法兰盘、活动对焊钢法兰盘和对焊钢法兰盘 4 种。

（3）柔性管接头。适用于埋设、明设输送管道，有球型和肩型两大类。浆体输送管道主要是使用环形箍式柔性管接头。柔性管接头连接方式，从根本上改变了密封的状态，它不同于法兰盘连接压紧密封，而是自紧式，利用管道中的介质压力传递给胶圈，胶圈又压紧端管。介质压力越大，密封性能越强，当无压力时依靠胶圈的弹力实现密封。柔性管接头连接管道与法兰盘连接管道相比有明显的不同，在正常工作状况下有伸缩补偿作用时，接头处不受轴向力，而随着内压增强，胶圈和封闭表面的贴力也随之增加，其密封作用也较强，于是形成了不漏的永久性三重密封。由于柔性管接头比法兰盘连接有显著的优越性，而且凡是用法兰盘连接和伸缩器的管道，一般工作温度在 - 30 ~ + 130 ℃，介质性质弱酸、弱碱及润滑油等范围内均可应用。

3. 管道焊接接头形式

管道焊接接头有套管焊接和坡口焊接两种形式。图 16 - 5 为管道接头套管焊接；图 16 - 6 为管端打坡口后直接对焊的一种形式。

当采用直接对焊时，管子和坡口形式、尺寸及组对的选用，应考虑易保证焊接接头的质量、填充金属少、便于操作及减少焊接变形等原则。有设计要求时，按规定操作。

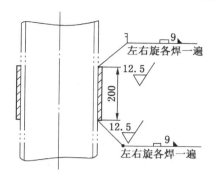

图 16-5 管道接头套管焊接

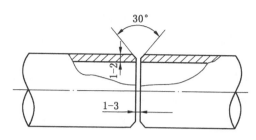

图 16-6 管道接头坡口焊接

4. 管道焊接要求

（1）如用氧—乙炔焰切割坡口，必须用角型磨光机除净其表面的氧化层，并将影响焊接质量的凸凹不平之处削平整。

（2）在组对管口时，应保证管道的平直度，做到内壁平齐、管道内壁错边量不超过 2 mm。

（3）不得用加偏心垫或多层垫等方法来消除口端面的空隙，而应割去重新对口。

（4）组焊时，要清理坡口内外侧的水、油、漆、锈、毛刺等污物。

（5）管子及伸缩节组对时，坡口表面上不得有裂纹、夹层等缺陷。如有此种少量缺陷，应用角型磨光机磨去，并进行补焊修整。

（6）所用焊条药皮应无脱落、无显著裂纹及芯棒无偏心现象。

（7）焊缝要分四层焊接，不得有裂缝、严重咬边、气孔夹渣等缺陷。

（8）焊接管道时，严禁将杂物混于管内。焊接前清理管内脏物或熔渣。下班前要封闭敞开的管口，各类工具、小型材料严禁放入管内保存。

（9）组对点固焊时，应保持焊接区域不受恶劣环境条件（风、雨、雪）的影响。

二、管道安装

1. 立井管道安装

立井管道应安装于井筒中专用的管子间内，管子间的尺寸除需考虑管子安装的位置外，还应留有检修时更换管子的必要空间。立井管道传统采用法兰连接，近年普遍采用焊接。

在一般情况下，井深在 200 m 以内时，立井管道与水泵房斜通道联结处应设支承弯管，用以承担其上部管道及水柱重力，如图 16-7 所示。金属支承弯管需固定于专设的钢梁上。钢梁应考虑水锤力的作用。管长超过 200 m 时，除需装设上述支承弯管外，在井筒中每隔 150～200 m，尚需装设承载该段管道重力的支承直管及伸缩节头。支承直管同样需要用专用的钢梁来固定。最上面的伸缩节头一般设于离井口 50 m 处。井筒中的直管应设导向卡子，卡于罐道梁上，以避免纵向弯曲。装设管道导向卡子的间距为 6～10 m。泵房与井筒的排水管路通过 30°斜巷进行连接。

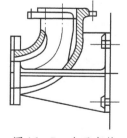

图 16-7 支承弯管

2. 斜井管道安装

视井筒内的设施情况，斜井管道可以布置在人行道一侧，也可以布置在非人行道一侧；可以沿底板敷设，也可以沿井壁架设。当管道架设在人行道上方时，管道最低点与人行踏步的净空高度不得小于 1.8 m。为防止管子下滑，架设的管子每隔一定距离应设带拉杆的管夹子。

水管直径大于 200 mm 时，可安设在底板上的专用木座或混凝土墩上，水管的下部装设支撑弯管，每隔 75～100 m 安设一个承担该段管一定重量（包括水重）的带拉杆的管夹子。管径小于 200 mm 时，如需架设在巷道壁上时，需固定在专设的管子支架上。

3. 泵房管道安装

（1）每台水泵应能分别向两条主排水管输水。

（2）每台水泵的排出管上应装设逆止阀和操作闸阀。

（3）在水泵排出管和主排水管之间宜装设控制闸阀（一般装在斜管子道下部），以便当主排水管或水泵排出管上的阀门出故障时，能将三者隔开。

（4）泵房管道应在供水管装设放水管和放水闸阀（一般可取 $D_g = 50$ mm），以便在检修时能将排水管中的水放入水仓中。

（5）架空排水管道最低点至泵房地坪的净空高度不得小于 1.8 m。

（6）管道布置应使安装和检修工作不受妨碍。

（7）应尽量减少异形管件。

（8）泵房中设起重机时，应使管道布置不妨碍起重机吊运设备。

（9）平巷中供水管用铁丝绑吊时，固定间距一般为 4～6 m。

4. 吸水管道安装

吸水管道安装应先将吸水管托梁及支架安装好，再由水泵的吸水口开始安装吸水管、连接弯头、吸水短管、吸水底阀等，拧紧各法兰盘连接螺栓，每对法兰盘接口处都要放橡胶石棉垫，最后安装真空表。安装水泵吸水管时应注意以下几点：

（1）离心泵的吸水高度，必须保证水泵在无汽蚀情况下工作。

（2）吸水管路内一般是低于大气压的，若管路安装不严密，就要产生漏气现象，影响水泵正常工作。因此，法兰连接处应非常紧固，严防空气漏入。

（3）吸水管不能有存气的地方，所以吸水管的任何部分都不能高于水泵的进水口。吸水管如果要加异径短管连接，应采取偏心异径短管，否则容易存气，影响水泵正常工作。

（4）吸水管的口径不能任意减小，底阀也不能任意改用小底阀，否则会增加吸水损失扬程，降低水泵的吸水高度。

（5）水泵安装在水位上时，则应在进水管端接底阀（真空引水除外），底阀要有足够淹没深度，一般为吸水管直径的 2 倍以上，最小不得小于 0.5 m，以防止产生漩涡带入空气。底阀离井底应有一定距离，一般不小于 0.5 m。

（6）吸水管的重量不能加在水泵上，以免损坏水泵。

（7）吸水管应尽量减少弯头，并尽可能短些。

（8）吸水管口应装设滤水网，滤水网的总过滤面积不得小于吸水管口面积的 2 倍。

（9）管子弯曲应按普通规定，不许过小，以免产生过大损失。

（10）排水管与水泵间应装闸阀和止回阀（扬程小于 20 m 的不用），闸阀内径不得小于管子内径，止回阀装在闸阀后面。

5. 管子道安装

管子道为泵房通往井筒的安全出口，管子的敷设不得妨碍矿井发生水患时人员的通行。

6. 吸水井附件安装

按照图纸要求，分别将水仓算子、水仓闸门、闸门开闭操纵架、操纵平台等按上述方法进行安装。

7. 管道安装顺序

（1）首先安装泵房两条排水的水平干管，然后安装排水立管。将水泵的闸板阀、逆止阀装上后用短管与水平干管连锁起来，同时也装上串水旁通管、压力表。安装时，在所有法兰盘连接处，均应放入橡胶石棉板制的垫圈。在短管与水平干管的连接时要采用活动法兰盘，以便连接。

（2）管路安装时，由井下往井口依顺序安装。先将管子的支座弯头安装在管座托梁上，然后用专设的另一台提升机将管件下放到井下第一架托梁处，扶正后拧紧与托梁的连接螺栓，然后指挥上升到第二架托梁处，将管子用 U 型卡子卡好并拧紧螺栓，直将管件安到井口。

（3）竖井井筒管路安装完毕后，开始安装斜巷中的管路，最后与泵房中的排水管路连接成一体，形成完整的排水管路。

三、管道安装质量标准

（1）管道及管件（法兰盘、弯头、三通、四通、异径管、伸缩器、管座及阀门等）应符合设计规定。

（2）异径管的制作，不得有插接或死角。插接和死角的示意图如图 16-8 所示。

（3）管道及管件焊接时，其法兰盘应垂直于管道中心，焊接应符合规定。

（4）管道及管件的水压试验，敷设前以 1.5 倍工作压力作水压试验，持续 5 min 无渗漏现象。

（5）立井井筒排水、泥浆、水采高压和充填管路等，应全部进行水压试验。

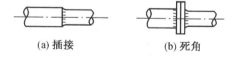

(a) 插接　　(b) 死角

图 16-8　插接和死角示意图

（6）立井井筒管道位置偏差不应超过 30 mm，竣工后检查管道架安装记录，合格率为 90%。

（7）斜井井筒管道与腰线的垂直距偏差不应超过 ±30 mm，与轨道的水平间距不应小于设计 50 mm。检查方法是按图上定点，抽查管子总数的 20%，合格率不少于 90%。

（8）大巷管道、与腰线的垂直距偏差不应超过 ±30 mm，与轨道的水平间距不应小于设计 50 mm，无腰线及中线的大巷应符合施工技术措施的要求。检查方法是定点抽查管子总数 10%，合格率不少于 90%。

（9）管卡、管架及管座应牢固固定，其间距偏差为 ±30 mm，检查方法是定点抽查管子总数 10%，合格率不少于 90%。

四、管道安装的注意事项

吸入管及压出管分别安装在泵的近旁，在拧紧法兰盘螺栓时，不得使泵体有任何歪斜。在温度变化的情况下，配管中应安插伸缩接头，以补偿由于热膨胀的歪斜。热膨胀的大小，就温度上升 100 ℃ 而言，铸铁每 1 m 长膨胀 1 mm，低碳钢膨胀为 1.2 mm 左右。若不安插伸缩接头，由于运转中的负荷或是热歪斜，会使机械的直联错位。在泵的出入口安设异径管以使管径增大，加大弯管的曲率半径并减少其数目。这是减小管内的摩擦损失而采用有效的办法。泵不能扬水的原因几乎都在吸入侧，因此管道安装上应注意的事项也以吸入侧为多。因此，在管道安装时应注意：

1. 吸入管不得吸入空气

当由吸入管的间隙及裂口等处渗入空气时，泵的性能要下降，在吸入管较长、吸上扬程较大时，必须特别注意。

2. 吸入管不得有空气积存处

泵在有空气积存的情况下运转时，一般会在吸入造成真空，空气因膨胀而阻碍水的流动。为不使其损害泵的吸入能力，需要注意下面几个问题：

（1）水平吸入管向着泵的方向要有少许向上的坡度。图 16-9a 是正确的，图 16-9b 因有向下的坡度，可积存空气，是不合适的。当吸入管的中途必须要有高于泵之处时，如图 16-9c 所示，要在其最顶部分向真空泵配管，不用说启动时，就是在运转中也需要时常开动真空泵以将该部分积存的空气抽出。

（2）泵的吸入侧安装有水平弯管时，为使叶轮入口处水的流动尽可能匀整，水平弯管应尽量离开吸入口，并且尽可能使曲率半径大些，如图 16-10a 所示。图 16-10b 是不可以的，这在双吸式泵的情况下特别重要。即在弯管的周围出现的非对称流将破坏左右的平衡，不仅使泵的流量和效率降低，而且引起止推轴承的温度升高，使其寿命缩短。

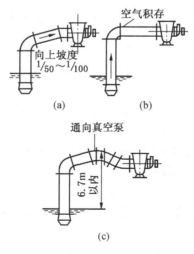

图 16-9　泵的水平吸入管

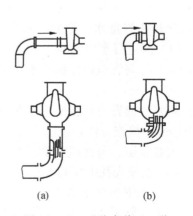

图 16-10　泵的弯管吸入管

（3）当吸入管径与泵的吸入口径不同时，必须用偏心异径管连接，否则异径管的上部积存空气。

3. 吸入侧闸阀不得有空气积存

在吸入侧设有闸阀时，若如图 16-11a 所示直立放置，则阀体上部能积存空气，因此必须如图 16-11b 所示将其轴按水平方向安装。若不得已必须直立安装时，则需要在其顶点安装放气管。

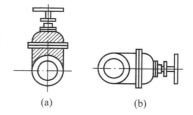

(a)　　　　(b)

图 16-11　吸入侧闸阀的安装

4. 压出管也不宜积存空气

若压出管成为虹吸管时，就要积存空气，水的通路就要缩小，全效率降低，或者水从压出管口间断地喷出。为避免这一现象，需要在压出管的最顶部安装放气阀。

5. 闸阀与逆止阀

闸阀与逆止阀一般装设在压出侧，从振动的角度考虑，这些阀应尽可能靠近泵安装。逆止阀置于泵的闸阀之间，当原动机紧急停车时，它保护泵本身不发生异常的压力增高，并防止水的逆流。

6. 底阀

对于中小型泵，为了向泵内注水而设置底阀。为使异物不致堵塞底阀和叶轮，一般要设置具有足够流通面积的过滤网。通过过滤网的流速，以 0.5 m/s 左右为宜。

7. 瓣阀

这是在低扬程泵的压出管末端安装的平板制的简单逆止阀，其作用是为了防止泵运转停止时产生逆流。因为在运转中瓣阀成为阻力，将压出管末端扩大，使其流速在 1 m/s 左右，这样则可减少瓣阀的水头损失和剩余速度水头。

五、管道防腐

酸性水是造成排水管道严重腐蚀的主要因素。目前行之有效的防酸措施有：

（1）采用硬聚氯乙烯管和玻璃钢管。塑料管除具有耐腐蚀的特性外，还具有重量轻，价格低，安装方便，内壁光滑，阻力损失小，不易结垢等优点。

（2）无缝钢管内衬塑料管。这种管道综合了无缝钢管和塑料管的长处，既能耐高压，又能耐腐蚀，而且阻力小。

（3）钢管内衬水泥砂浆。不同的水质可用不同的水泥砂浆配方，砂浆的衬涂方法很多，有离心法、拖筒法、风送挤压法和喷浆机喷涂。

（4）管道内外涂漆。在管道内外涂生漆也能有效地防腐。涂漆时，管道表面须彻底除锈和清除焊渣至露出金属光泽，方可涂漆。涂漆表面应干燥，不得一面刷漆一面除锈。

第五节　阀 门 的 安 装

一、阀门方向性

许多阀门具有方向性，例如截止阀、节流阀、减压阀、止回阀等，如果装反，就会影响使用效果与寿命。一般阀门，在阀体上有方向标志，如果没有，应根据阀门工作原理，正确识别。截止阀的阀腔左右不对称，流体由下而上通过阀口。这样流体阻力小，开启省力，关闭后介质不压填料，便于检修。这就是截止阀为什么不可安反的道理。

二、阀门安装注意事项

阀门安装时应注意以下几点：

（1）安装前，应将阀门作一检查，核对规格型号，检查有无损坏。

（2）阀门安装的位置，必须方便于操作。即使安装暂时有困难，也要为操作人员的长期工作着想。最好阀门手轮与胸口取齐（一般离操作地坪 1.2 m），这样开启阀门比较省劲。落地阀门，手轮要朝上，不要倾斜，以免操作不方便；靠墙和靠设备的阀门，要留出操作人员站立的位置，避免仰天操作。闸门不要倒装（即手轮朝下），否则会使介质长期留存在阀盖空间，容易腐蚀阀杆，同时更换填料极不方便。明杆闸阀，不要安装在地下，否则由于潮湿而腐蚀外露的阀杆。

（3）阀门起吊时，绳子不要系在手轮或阀杆上，以免损坏这些部件，绳子应该系在法兰上。

（4）对于阀门所连接的管道，一定要清扫干净。可用压缩空气吹去氧化铁屑、泥砂、焊渣和其他杂物。这些杂物不但容易擦伤阀门密封面，而且大颗粒杂物还能堵死小阀门，使其失效。

（5）安装法兰阀门时，要注意对称均匀地把紧螺栓。阀门法兰与管道法兰必须平行，间隙合理，以免阀门产生过大应力，甚至开裂。

（6）须与管道焊接的阀门，应先点焊，再将关闭件全部打开，然后焊死。

第六节　水泵的安装

一、水泵安装前的准备工作

（1）应检查水泵和电机有无损坏。

（2）准备工具及起重机械。

（3）按设备随机图检查机器基础。

（4）对设备、附件及地脚螺栓进行检查，不得有损坏及锈蚀；检查设备的方位标记、重心标记及吊挂点，对不符合安装要求者，应予以补充。

（5）清除设备内部的铁锈、泥砂、灰尘等杂物。对无法进行人工清扫的部位，可用空气吹扫。

二、水泵安装

1. 安装顺序

现在定型的水泵中有配带底座的和不配带底座的两种形式，但其安装原理是一样的，这里以带底座的 SH 型水泵为例（具体安装时可参考随机安装使用说明书），说明如下：

（1）整套水泵运抵现场时，附带底座者已装好电机，找平底座时可不必卸下水泵和电机。如整体设备体积太大，不能运送到泵房时，则必须先卸下水泵和电机。

（2）将底座放在地基上，在地脚螺钉附近垫铁，将底座垫高约 20～40 mm，准备为找平后填充水泥浆之用。

（3）用水平仪检查泵座的水平度，找平后，扳紧地脚螺钉螺母，用水泥浇灌泵座及地脚螺钉孔。

（4）经 3～4 天水泥干涸后，再检查一下水平度。

（5）清洗泵座的支持面，承泵脚和电机脚的平面，并把水泵和电机安放到底座上去。

（6）调节泵轴水平（原动机轴可暂不调节），找平后，适当上紧螺母，以防走动。待泵端调节完毕后，再安装电机，在水平欠妥的脚上垫上垫板。

（7）在泵和电机联轴器之间要留有一定的间隙，把钢尺放在联轴器上（上下左右观察），检查水泵轴心线与电机轴心线是否重合。若不重合，就在脚下垫上几片薄铁片，使电机联轴器与钢尺相符。调整完毕后，将垫上的薄铁片取出，测量厚度，用经过刨制的整块垫板来代替，装好后应重新检查安装情况。

为了检查安装的精度，在几个相反的位置上用塞尺测量联轴器平面之间的间隙，联轴器两端平面间一周上最大和最小间隙差数不得超过 0.3 mm，两端中心线上下或左右的差数不得超过 0.1 mm。在水泵接上管路后，轴线还需作最后一次校正，因为在接管路时容易使水泵走动。

2. 水泵的试运转与停止

（1）将轴上及其他涂油体上所涂的油去净。

（2）用汽油清洗轴承和油室，用棉纱擦净。

（3）在甲式水泵的轴承体内，注入钙基黄油，占轴承空间的 70%；在乙式水泵的轴泵体以内，注入 2 号或 3 号锭子油，油位须在油标上下刻线之间。

（4）试验启动，检查电机的旋转方向是否符合水泵要求。此时须将联轴器螺钉卸下，再试电机的旋转方向，以防反转使轴套螺母松开。

（5）闸阀、压力表及真空表均应装上。

（6）对吸水管径小于或等于 300 mm 的水泵，取下泵盖上 3 个四方螺塞，向最高一个孔内灌水。吸水管径大于或等于 350 mm 时开异径四通管上的 1 个四方螺塞，接上真空泵并开动引水。

（7）上述过程完毕后，启动电机，并打开压力表。

（8）当水泵达到正常转速，压力表显示适当压力后，再打开真空表，并逐渐打开排水管路上的闸阀，直到达到所需压力为止。

（9）当停止水泵时，要慢慢地关闭排水管路上的闸阀及真空表，然后关上压力表。如果所处环境的外界温度较低时，则应将泵体下部的四方螺塞打开，去掉剩水，以免冻裂。

（10）当长期停止使用水泵时，水泵应拆开将零件上的水擦拭干净，在滑动面上涂上防锈油保管好。

三、水泵安装质量标准

（1）水泵安装的允许偏差：中心线位置为 ±5 mm，标高为 ±5 mm。

（2）按使用说明书中有关坡度的要求进行安装；无坡度者，其水平偏差宜低向水泵的排水方向。

（3）地脚螺栓安装时，应保持垂直，其不垂直度不应超过 10‰。

（4）地脚螺栓离孔壁的距离应大于 15 mm，底端不应碰孔底。

（5）地脚螺栓的螺母与垫圈间和垫圈与设备底座间应接触良好。

（6）二次灌浆层不得有裂缝、蜂窝和麻面等缺陷。

（7）电动机与水泵的联轴器端面间隙，一般规定为水泵最大串量加 2～3 mm。水泵的最大串量是水泵转子的前向串量与后向串量之和，外加 2～3 mm 的数值，是水泵的前向串量（向联轴器侧）已达极限时，应具有的安全余量。

（8）电机与泵的轴心线在同一平面内且呈直线，可用塞尺测量两联轴器端面间隙的均匀度，在圆周各个方向上最大和最小间隙数不得超过 0.2 mm。两端面中心线上下或左右的差数不得超过 0.1 mm。

第七节　水泵的技术测定

一、水泵技术测定的要求

水泵技术测定是检查排水设备技术状态的重要方法，其目的是找出水泵各个性能参数之间的变化规律及其与原性能曲线的差别，分析其原因并进行调整。

水泵的基本参数有：流量 Q、扬程 H（包括吸水扬程 H_x）、功率 P、效率 η 和转速 n，通过测定后绘制出的关系曲线图。其中 $Q—H$ 的关系曲线为水泵的主要特性曲线，此外还应绘出管路特性曲线，因为两者的交点为水泵的工况点。

测定前应先定好方案，并做好仪表、工具、记录准备和校验工作。利用调节闸阀来确定测点时，流量的控制可以由小到大，也可以由大到小。这两种方法可以交替使用，以便相互对应修正各测点读数。测点少则取 5～6 个，多则取 7～10 个，特别是在水泵工作区和高效区附近，应多测几个点，这有利于对水泵特性的分析。对每一个测点，必须同时进行各性能参数的测定，一般以流量作为记录标准，在记录读数时，必须待各表读数稳定后才能读取。

在不同工况时，所需电动机的功率也不同，异步电动机转速亦不同。在绘制水泵性能曲线时，应该换算成水泵标准转速下的工况。如果转速相差很小，可以不进行换算。其换算公式为

$$Q = Q'\left(\frac{n}{n'}\right)^2 \qquad (16-1)$$

$$H = H'\left(\frac{n}{n'}\right)^2 \qquad (16-2)$$

$$P = P'\left(\frac{n}{n'}\right)^2 \qquad (16-3)$$

式中　Q、Q'——标准流量、实测流量，m^3/h；

$\quad H$、H'——标准扬程、实测扬程，m；

$\quad P$、P'——标准轴功率、实测轴功率，kW；

$\quad n$、n'——标准转速、实测转速，r/min。

测定完毕后，须对测定结果进行分析整理，研究在对应工况下各种参数值的变化规律。当效率值离开最佳工况较远时，须进一步查找原因，以便改进。

在井下工作的水泵，要想通过测定获得其全特性曲线是不可能的。因为闸阀全部开启时获得的工况点 M 是极限工况，其对应流量和扬程为 Q_M 和 H_M，如图 16 – 12 所示。在这种情况下，要想得到比 Q_M 还大的流量是不可能的，所以水泵特性曲线只能测到 M 点，要想获得 M 点以下的曲线必须将水泵与排水管路分开。

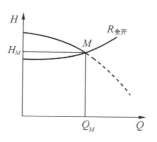

图 16 – 12　闸阀全开时水泵工况点

二、水泵流量的测定

测定流量的方法很多。矿井测定水泵流量一般可选用水堰（三角堰、矩形堰、全宽堰）管式流量计（喷嘴、孔板、文吐里管）、环秤式差压计、浮子式差压计、涡轮流量计、电磁流量计以及容积法、红水法等。

1. 水堰法

水堰由堰板和堰槽构成，当水经堰槽流过堰板口时，根据堰上水头的高低即可计算出流量。水头是指水流的上水面至堰口底点（90°三角堰）或堰口下边缘（矩形堰、全宽堰）的垂直距离。为避免近堰口处由于水面降低而引起的误差，在测定水头时要距堰口 200 mm，水堰的堰口至堰口外水池液面的高度不得小于 100 mm。测量应当在越过堰口流下来的水流与堰板不附着的情况下进行测量。测量水头可采用钩针或测针液面计，使用时应将针先沉入水内再提上对准水面，以消除水表面张力的影响。水位零点的测定精度应在 0.2 mm 以内，最好当堰口流出来的水流刚停止时测定，每次测量时都要测定零点。由于水表面张力的影响，矩形堰和全宽堰测量零位数值时应减少 1 mm。

2. 管式流量计

管式流量计的类型分为喷嘴、孔板和文吐里管 3 种。其工作原理是利用液体通过喷嘴、孔板或文吐里管的缩小断面，使流速加快，动压增加，测压断面之间产生相应的压差，用压差计测量出断面之间的压差值，便可计算出相应的流量。

喷嘴也可以安装在管道终端进行测定。在测定时装上，测定完后拆除，对排水无影响。喷嘴上的测压孔与水银差压计相连通，测出水银柱压差值，即可计算出相应的流量。这种方法简便，操作容易，在煤矿中广泛使用。

三、水泵扬程的测定

1. 总扬程测定

测定总扬程可在水泵进、出水法兰盘小孔上分别安装真空表和压力表，并在表的连通管上装上旋塞，测定时打开旋塞，记下读数，按下式可算出总扬程：

$$H = 100p_1 + 100p_m + Z + \frac{v_d^2 - v_s^2}{2g} \tag{16 – 4}$$

式中　H——总扬程，m；

p_1——压力表读数，MPa；

p_m——真空表读数，MPa；

Z——压力表和真空表间垂直距离，m；

v_d——排水管中流速，m/s；

v_s——吸水管中流速，m/s。

当吸、排水管管径相等时，$\dfrac{v_d^2 - v_s^2}{2g} = 0$。一般情况下，$\dfrac{v_d^2 - v_s^2}{2g}$ 和 Z 两项数值很小，也可以忽略不计。

式（16-4）为抽吸式水泵扬程计算公式。如果吸水方式为压入式，则总扬程公式应为：

$$H = 100(p_1 - p'_m) + Z + \frac{v_d^2 - v_s^2}{2g} \qquad (16-5)$$

式中　p'_m——吸水侧压力表读数，MPa。

其他符号意义见式（16-4）。

2. 排水垂高测定

排水垂高即吸水井水面至排水管出口的垂直距离，可根据矿井井口与泵房标高资料计算，也可以在水泵闸阀上方装压力表，停泵后关好闸阀，记下压力表 p_2 读数，即可按下式求得：

$$H_{sy} = 100p_2 + H_x + H_z \qquad (16-6)$$

式中　H_{sy}——排水垂高，m；

p_2——闸阀上方压力表读数，MPa；

H_x——吸水井水面至水泵轴线垂直距离，m；

H_z——闸阀上方压力表至水泵轴线垂直距离，m。

四、测定结果分析

数据测定完毕，根据记录，整理计算出结果，绘制水泵和管路的特性曲线，进行测定结果分析。首先要与水泵原有的特性曲线比较，再按下列各项要求，评定质量，查找原因，改善工况：

（1）工况点的效率为水泵最高效率的 90% 以上。

（2）在规定扬程下，水泵流量不低于额定流量的 90%。

（3）排水效率：立井不低于 50%，斜井不低于 48%。

（4）在额定流量和扬程下，电动机功率不超过额定功率。

（5）水泵不允许产生汽蚀现象。

（6）水泵不允许有较大振动。

如果测定水泵工况点离开经济区太远，达不到上述要求，应进行以下检查：

（1）校对水泵零部件的尺寸，如叶轮入口直径、出口宽度、叶片曲率、导叶的入口直径以及零部件的流道的光滑度等，这些都是影响水泵特性曲线的基本因素。

（2）检查排水管内有无较多的积垢或有无不同的管径，这是改变管路特性曲线的基本因素。管路有效直径愈小，管路阻力愈大，管路特性曲线就愈陡。

（3）检查校对排水垂高与水泵扬程是否相差太远或吸水高度有无过高现象。如水泵扬程选择过高，工况向右方偏移，电动机可能过载，也会超出经济运行范围。虽然此时流量较大，但效率却降低了。

（4）检查水质。若水质污浊，有煤粉或其他颗粒，这时水的比重增大，不但增加水泵部件的磨损，缩短检修周期，而且使水泵压力增大，使工况点偏移。

（5）检查水泵的装配质量、各部间隙，如口环、平衡盘装置以及装配累计误差是否过大，特别是叶轮与导叶的同心度是否误差太大。

（6）检查测定仪表有无较大误差。

通过测定分析处理后，可根据矿井日正常涌水量及每台工作水泵的效率高低，按照避开电网高峰制定的开泵循环图表开泵。这样不但可以节约电能，还可以拉平电网负荷。

第八节　水泵电气设备的操作及常见故障处理

一、水泵启动前及运行中的电气检查

1. 启动设备的检查

（1）检查电源电压是否在正常范围内，如电动机电压为 6 kV，电源电压应为 5700 ~ 6600 V 之间。

（2）各操作手把及指示灯的指示是否正确。

（3）检查真空断路器的操作机构是否灵活可靠。

（4）检查主回路各连接部分是否有滋火发黑和过热退火的痕迹。

（5）启动用的电抗器、油浸变阻器或频敏电阻器是否有过热现象。

（6）二次回路中的各种保护继电器及控制继电器动作是否正常。

2. 水泵电动机的检查

（1）检查电动机和周围环境是否整洁，不允许水泵和管路有滋水、漏水现象，防止水雾吸入电动机。

（2）电动机的负载电流不能超过铭牌规定的额定电流。

（3）用油环润滑的轴承，检查油环是否转动，油量是否符合润滑油的容量不应超过轴承内容积的 70% 的规定。

（4）检查电动机各部分的声响及振动是否正常，发现异常应及时处理。

（5）电动机绕组和轴承的温度是否合乎规定。

（6）大容量的高速电动机一般采用管道通风冷却及轴承的外润滑系统，所以还应经常检查风道阀门位置，风道是否漏风，轴承注油器的油量和油温及电接点温度是否正常。

（7）绕线型电动机应检查电刷是否滋火及滑环表面是否平整光滑。

（8）电动机外壳的接地是否良好。

3. 水泵辅助设备的检查

（1）检查水仓液位计或液位继电器动作是否可靠，水位指示是否正确。

（2）电动闸阀和电磁阀机构是否灵活，关断和开启是否正常。

（3）真空泵油泵（稀油站）冷却泵，通风机的电动机和控制设备是否正常。

（4）泵房内所有电气设备的系统接地和就地接地装置应完好，螺栓不松动，端子不

生锈。

二、启动和停止水泵电气操作过程中的注意事项

（1）闭合隔离开关时，动作要迅速果断，不允许用隔离开关试送电（即合闸后立即拉开再合闸）。

（2）启动电抗器及油浸电阻器不可频繁启动，否则电抗器和电阻器及电动机都可能造成过热。

（3）绕线型电动机在送电前必须打开电动机滑环的短路环，同时提刷装置的电刷放下让电刷和滑环接触。此外油浸电阻器必须在零位（全电阻位置），不允许绕线型电动机在滑环或电阻器短接的情况下直接启动。

（4）油浸电阻器在加速过程中应视电动机的电流和加速情况逐级转动手把切换电阻，不要转得太快造成过电流，也不能在中途较长时间停留，防止烧坏电阻器。

（5）油浸电阻器全部切除后，将电动机滑环的短路环打上，并将电阻器回零。

（6）用启动电抗器和频敏电阻器启动时，启动完毕后手动控制的系统不能忘了闭合短接隔离开关（如 GKF - H1 型），自动控制的系统要注意启动柜的"运转"指示灯是否亮，如不亮要立即检查短接用的接触器是否吸合，如不吸合要立即停止运转，进行检修。

（7）启动过程中如启动电流太大，启动时间太长，很可能是机械和电气方面有故障，要停机检查。

（8）启动结束后，开启水泵闸板阀，电流应逐渐上升。如闸阀开大后电流上不来（小于额定电流的 50%），说明水泵没有上水，要停机检查。如未发现问题可再启动一次，如仍不上水，应停机检查修理。

停泵时的操作程序一般和启动时相反，当操作结束后要检查断路器、隔离开关，接触器等是否在分闸状态。

另外还必须注意在启动过程中，油浸变阻器在中途不能停留太久，因为水泵电动机用的启动变阻器是按短时工作条件设计的，由于电动机启动电流远大于额定电流，如果油浸变阻器启动时在中途停留过久，不但造成电动机过热，而且将会使变阻器烧毁。所以操作时应按常规一次启动到水泵电动机的正常转速，而不得在中途停留过久。

启动电抗器（或启动电阻器）铭牌规定的接通持续率的含义是：启动时通过起动电流的时间和两次起动间隔时间的比值。例如，启动电抗器铭牌上规定接通持续率为 2 min/6 h，即如启动时间持续 2 min，电动机的启动时间、正常运转时间及停机时间之和不得少于 6 h。这里指的持续 2 min，可以是数次启动通电时间的总和。因为启动电抗器的容量设计是按接通持续率的发热和冷却方式考虑的，所以启动结束必须立即将它短接。否则通电时间过长，电抗器会因过热而烧毁。

三、水泵在运行中电源突然停电时的处理

水泵在运行中电源突然停电，应按以下步骤操作（以 GKF - H 型综合启动柜为例）：

（1）不管启动开关柜有无失压脱扣，应迅速将断路器的操作手柄拉下，随后将短接电抗器的隔离开关和电源隔离开关拉开。

（2）关闭该泵的闸板阀。

（3）检查备用电源是否有电，如有电，应将负荷倒到备用电源侧并恢复送电，重新开泵排水。

（4）如备用电源也无电，应迅速向地面变电所及矿调度室报告。

水泵在运行中，电气部分发生以下情况必须立即停止运转进行检查：

（1）供电、电源电压过高或过低。

（2）配电及启动开关柜中有火花或冒烟现象，油浸电抗器或电阻器外壳温度过高。

（3）电动机的绕组、铁芯和两端轴承的温度超过允许值。

（4）电动机发生剧烈震动或电动机内有明显异响。

（5）电动机内有焦味飞冒烟、滋火现象。

（6）外润滑电动机轴承无油或油压太低，管道通风的电动机停转。

（7）排水管道漏水或滋水危及电气设备的安全运转时。

另外供电电压的异常波动，也会给水泵的运行带来危害。电源电压的允许波动范围，一般规定不能超过 -5% ～ $+10\%$。电源电压过高，会引起电动机铁芯磁通密度增高，由于铁损增加使电动机发热。电压过高还可能导致绝缘薄弱点有被击穿的危险。当电源电压过低时，由于电动机产生的转矩和电压平方成正比，则电动机的转矩下降，转速降低，而水泵的扬程又和转速的平方成正比，因此造成扬程下降，使排水量下降，甚至不能排水。对电动机来说转速下降，转差率上升，使定子电流和转子电抗增加，电动机的效率和功率因数都会降低，致使电动机发热，甚至会烧毁电动机。

四、启动电抗器或频敏变阻器过热的处理

启动电抗器或频敏变阻器过热的原因有以下几种：

（1）电抗器的启动容量小，启动电流超过允许值，频敏电阻配置不合适，额定电流小或并联台数少。

（2）启动后未及时短接。

（3）频繁启动，间隔期短。

处理方法：第一种情况，刚启动后过热，运行后不热，经检查验算容量不够者，必须更换大容量的。第二种情况，刚启动后不热，运行后过热，严重时油浸电抗器箱内油沸腾汽化，甚至会爆炸。司机应加强责任心，严格执行操作规程，完善电气保护。第三种情况，按铭牌规定的操作制度（如 2 min/6 h）执行。

五、高压电力电缆常见故障及运行中的注意事项

高压电力电缆型号较多，以常用的油浸纸绝缘电缆为例，常发生的故障有：

（1）电缆温度高。一个原因是截面小或是散热条件差。处理方法为更换大截面的电缆，改善散热条件。另一个原因是两根以上电缆并联使用时，采用三相不对称联结，使铅皮中产生涡流过热。处理方法为重新接线。

（2）电缆头漏油。原因是电缆敷设的高差超过规定，电缆头灌注质量差。

（3）电缆头发生闪络。原因是电缆头上部沥青表面有灰尘和水。

（4）电缆头爆炸。原因是电缆头工艺质量差，电缆芯线因铜铝接头氧化，阻值增大而发热，使绝缘老化，沥青胶质量不合要求等。

（5）电缆中段爆炸。原因是过热或外伤使绝缘损坏，特别是铅皮损伤淌油处，容易吸进潮气，日久绝缘降低被击穿。

电缆在运行中要注意以下事项：

（1）经常检查电缆是否过热，电缆外皮有无损伤。

（2）检查电缆头是否漏油，停电后应清扫灰尘。

（3）铠装电缆为防止锈蚀，外表应涂沥青或防锈油漆。

（4）电缆沟内的电缆不能泡在水或污泥里。

（5）电缆线及线盒应有标记，定时检查电缆头及接线盒的接地是否良好。

（6）通电的低压橡套电缆的余线不能盘圈堆放。

第十七章　安全文明生产

第一节　矿山事故处理准则

矿山事故处理遵循如下准则：

（1）矿山发生事故后，事故现场有关人员应当立即报告矿长或者有关主管人员；矿长或者有关主管人员接到事故报告后，必须立即采取有效措施，组织抢救，防止事故扩大，尽力减少人员伤亡和财产损失。

（2）发生一般矿山事故，由矿山企业负责调查和处理。矿山发生重伤、死亡事故后，矿山企业应在 24 h 内如实向劳动安全行政主管部门和管理矿山企业的主管部门报告。

（3）劳动安全行政主管部门和管理矿山企业的主管部门接到死亡事故或者一次重伤 3 人以上的事故报告后，应当立即报告本级人民政府，并报各自的上一级主管部门。

（4）发生伤亡事故，矿山企业和有关单位应当保护事故现场，因抢救事故，需要移动现场部分物品时，必须作出标记，绘制事故现场图，并详细记录；在消除现场危险，采取防范措施后，方可恢复生产。

（5）矿山事故调查处理工作应当自事故发生之日起 90 天内结束；遇有特殊情况，可以适当延长，但是不得超过 180 天。矿山事故处理结案后，应当公布处理结果。

第二节　事　故　预　防

一、预防事故的措施

预防事故的措施可以分为工程技术措施、教育措施以及管理措施等。工程技术措施主要是采取预防措施，改善作业环境和生产条件，提高安全技术装备水平，以利消除危险因素和隐患。教育措施主要包括 3 方面内容：安全知识教育、安全技术教育、安全思想教育。管理措施内容很多，生产的各个环节都存在着管理措施问题，另外建立规章制度，建立事故档案等均属管理措施。

二、事故预防的基本原则

（1）事故可以预防。在这种原则基础上，分析事故发生的原因和过程，研究防止事故发生的理论及方法。

（2）防患于未然。事故与后果存在着偶然性关系，积极有效地预防办法是防患于未然。只有避免了事故，才能避免事故造成的损失。

（3）根除可能的事故原因。任何事故的出现都是有原因的，事故与原因之间存在着必然性的因果关系。为了使预防事故的措施有效，首先应当对事故进行全面的调查和分析，准确地找出直接原因、间接原因以及基础原因。有效的事故预防措施来源于深入的原因分析。

（4）全面治理的原则。指在引起事故的各种原因之中，技术原因、教育原因以及管理原因是3种最重要的原因，必须全面考虑，缺一不可。预防这3种原因的相应对策为技术对策、教育对策及法制（或管理）对策。综合发挥各种对策的作用，事故预防可以取得满意的效果。如果只是片面强调某一对策，事故预防的效果就不好。

三、对工作环境的要求

工作环境对预防事故的发生起着重要的作用，因此，应尽量避免在不安全状态下工作。不安全状态包括：

（1）机械设备防护、保险、报警、信号等装置，缺乏或有缺陷；电器设备没有接地、绝缘不良；在危险场地工作防护不当或没有防护措施。

（2）设备、设施、工具、附件有缺陷，设计不当，结构不合乎安全要求；制动装置有缺陷；安全间距及措施不够；工件及工具有锋利毛刺、锐角等不安全因素。

（3）设备机械强度不够；起吊重物的绳索不合乎安全要求。

（4）设备维修不当、超期服役或在非正常情况下运转。

（5）生产场地不良，包括照明、通风、作业场地狭窄等。

四、对工作人员的要求

在预防事故的发生过程中，人起着决定性的作用。作业中必须严格遵守规章制度，严禁违章作业，杜绝不安全行为的发生。不安全行为包括：

（1）未按规程开动或停止机器，造成设备意外转动、通电或漏电等；忽视警告信号、警告标志导致操作错误。

（2）私自拆除设备安全装置。

（3）使用不牢固、无安全装置的设备。

（4）攀坐防护栏杆、吊车吊钩等不安全位置；在起吊物下作业、停留；机器运转时加油、修理、调整、清扫等。

（5）工作时不按规定穿戴劳动保护用品。

第三节　事故案例分析

一、涌水引发的事故

当发生透水事故后，要以最快的方式通知附近地区的工作人员，按照矿井灾害预防和处理计划中所规定的路线撤出，沿着上山方向进入上一个水平，然后出井。假如出路已经被水隔断，就要迅速寻找井下位置最高、离井筒或大巷最近的地区暂时躲避，同时，定时敲打轨道或水管口，发出呼救信号。当人员撤出透水区域后，要立即紧紧关死水闸门，把水流完全隔断，以保护整个矿井的安全。透水以后，特别是老空区的积水突出以后，往往会从积水的空间放出大量有害气体，在避灾中，要注意防止有害气体中毒或窒息。发生透水事故后，水泵工要严于职守，开足水泵，发挥最大排水能力。

［案例一］1972 年山东省某铁矿南风井施工时，在井深 427 m 处遇到突然涌水。最大涌水量达 256 m^3/h，使井筒施工设备全部淹没在井中，致使停工达一年之久，严重影响了矿井建设周期。

［案例二］湖北鸡笼山金铜矿基建时，水文地质资料不全，将风井（兼措施井）布置在含水破碎接触带上，井筒断面小，未设梯子，卷扬机房布置在溶洞上方。1983 年 5 月 4 日，－40 m 阶段进行平巷掘进时未采取超前探水措施。20 时 20 分，距风井中心 50 m 的工作面溶洞水流突然倾盆而下，运行到－40 m 阶段水平的罐笼突然停止。原因是地面卷扬机房、排渣轻便铁道和井口地区大面积塌陷（长轴 40 多米，短轴 35 m 以上）。井下工人遇险，无法出井，死亡 8 人，伤 2 人，直接经济损失 38 万元。

二、高处坠落引发的事故

［案例三］1978 年 8 月 25 日，某矿一采区四中段 7 号溜井。采区党总支书记田××跟班劳动，用矿车运送圆木，田××推装载圆木的矿车行至 7 号溜井附近进入弯道时，只顾低头推车，车前端伸出的圆木猛然碰到了巷道帮上，致使矿车车身向左侧倾斜，田××手扶推车的圆木也随之向左滚落，田××被闪落到了左侧的溜井里，严重摔伤，抢救无效死亡。

事故原因：事故现场安全条件差；田某本不是井下作业人员，对现场一些具体情况及某些作业方法不熟悉，推车时忽视了环境条件的安全状况，是造成事故的主要原因；安全管理不善，忽视了对非井下作业人员（干部）下井劳动也要同新工人一样进行必要的安全教育和由工人指导下进行作业，溜井无防坠设施等隐患存在，是事故发生的重要原因。

三、触电引发的事故

井下常见的触电事故：

（1）由于导线破皮漏电，使设备金属外壳带电，人身触及后发生事故。

（2）停电检修时，由于停错电，或维修完毕后送错电，造成维修人员触电。

（3）进行维修时，断开分路开关后不设专人看管，也不上锁或挂指示牌。而分路的另一负荷需用电，误以为掉闸而将分路开关合闸送电，往往造成人员触电。

（4）带电检修。

（5）在有电车架空线的巷道中，肩扛金属长工具碰架线而触电。

（6）高压电缆停电后，没有放电就有人去触摸带电的火线，由于电缆的容量大，储有大量电能，也能造成触电。

［案例四］1977 年 8 月 11 日，某矿井下－200 m 水平水泵房门口，电工齐××在水泵房作业完毕，约 14 时走出泵房，一脚踏在底板上的一条电缆上，因电缆漏电，齐××又穿着凉鞋，被电击后，胸部扑伏在排水管上，又因漏电电缆挂在水管上致使水管也带电，

齐××又被电击，摔倒在水沟内，头部浸入 30 m 深的水中，面部朝下。经抢救无效死亡。

　　事故原因：受伤害者本人违反规章制度，下井未穿胶靴，电缆漏电落地，是事故发生的直接原因。现场管理混乱，井下电力线路敷设不符合规范规定；电气安全管理不善，漏电隐患得不到及时检查发现处理；下井人员不穿戴防护用品的违章行为得不到制约等等，这些管理方面存在的问题是酿成事故的重要原因。

　　[案例五] 1978 年 10 月 1 日，某矿井下 −65 m 水平水泵房配电室，矿区安排进行电器清扫。配电班长孟××、配电工张××、姜××三人负责清扫 2 号配电盘。工作前，孟××戴好绝缘手套在张、姜的监护下，按顺序将 2 号母线及所属高压开关柜停了电，水泵运转由 1 号盘母线供电。孟首先到 2 号开关柜上紧固隔离开关螺栓，安排张××上开关柜，从西至东依次清扫母线和柜上的灰尘。9 时 40 分，张××清扫到东头高压开关柜时，放下扫帚拿棉纱擦母线，不慎接触到距停了电的汇流排线路只有 16 cm 的带电母线桥，遭电击，全身趴在了汇流排线路上，当场死亡。由于张某的身体接通了电路，正在盘上工作的孟××也同时被电击，从两米高的开关柜上坠落下来，全身着火烧伤，其烧伤面积达 45% 以上，三度烧伤面积占烧伤面积的 40%，致重伤。

　　事故原因：高压电器清扫工作组织安排不周，作业前不制定完善的安全措施，操作失慎，监护失职，是事故发生的重要原因。

四、中毒和窒息引发的事故

　　井下发生窒息事故的主要原因是缺氧。产生缺氧的原因：一是在通风不良的盲巷或采空区中二氧化碳、氮气等增加，使氧含量相对下降；二是在封闭的火区中一氧化碳、二氧化碳、氮气等相对增加，氧含量下降。因此，对报废的巷道或采空区应加以封闭，对暂时停工的地点也要设置栅栏，以防人员误入。

　　[案例六] 1979 年 4 月 1 日，某矿井下全部停产检修，电工叶××等三人负责检修水泵。叶××等三人分头用汽油清洗拆卸下来的部件，休息时，叶××点燃香烟后随手丢弃火柴梗，结果未熄灭的火柴梗点燃了撒落在地上的汽油，继而引燃了油盆内的汽油，引起泵房失火。虽匆忙进行扑救，但因措施不力，又因主要通风机同时检修，井下通风不畅，浓烟弥漫了附近巷道，叶××在逃离过程中窒息死亡。事故抢救中生产矿长等多人中毒。

　　事故原因：叶××安全意识差，违章在有油场所吸烟，并随手丢弃火柴梗引起失火，是事故发生的直接原因。组织管理不善，井下全面检修时，通风设备同时检修；安全管理不严，违章行为得不到制约，是事故发生、事故后果扩大的主要原因。

五、物体打击引发的事故

　　[案例七] 1990 年 3 月 14 日，某矿管道工窦××等人在井下工作完，约 9 时 20 分来到 −310 m 主井口与信号工联系乘罐笼上井，信号工得到队长同意后发信号要罐。罐笼由 −170 m 放下后，窦××、李××等 7 人进到了罐笼的上层（双层罐笼）。该主井是混合井（设提升矿石箕斗和升降人员、材料等的双层罐笼）。7 人上罐开始提升时，提升矿石的箕斗正在罐笼上部运行，当罐笼上升约 20 m 时，由箕斗掉落的大块矿石砸到了罐笼顶上，将罐笼顶盖砸掉落入罐笼内，窦××和李××被严重砸伤。窦××抢救无效死亡，李××重伤。

事故的主要原因：没有执行矿上关于罐笼升降人员时箕斗中断提升的规定，是造成这次伤害事故的直接原因。箕斗格、罐笼格之间未设置封隔挡护，存在人、矿混提时不安全的因素，安全管理不严，规章制度没有得到落实，是发生伤害事故的重要原因。

六、火灾引发的事故

矿井发生火灾后火势会随着巷道中的风流迅速蔓延，不易扑灭，造成人员伤亡，烧坏设备、巷道等。火灾产生大量的一氧化碳，会使井下人员中毒死亡。井下发生火灾后，如现场人员已无力抢救，需救护队抢救时，现场人员要进行自救避灾。具体做法是：

（1）迅速戴好自救器，避灾领导人要逐一进行检查佩戴情况。

（2）有组织地向火焰燃烧的相反方向撤退，最好利用平行巷道，迎着新鲜风流绕过灾区进入安全地点。

（3）如巷道已经充满烟雾，也绝对不可惊慌，不能乱跑，要迅速地辨认出发生火灾的地区和风流方向，然后沉着地俯身摸着铁道或铁管有秩序的撤退。

（4）实在无法撤出时，要尽快在附近找一个硐室暂时躲避，并把硐室出入口的门关闭，隔断风流，防止有害气体侵入。

（5）要设法及早用电话同地面取得联系，以便救护队救援。

（6）所有避灾人员必须严守纪律，听从领导人的指挥。

［案例八］1982年5月20日，赤马山铜矿在副井井口改装罐笼阻车器，进行氧电焊作业，焊渣落入井筒引燃了木支架，造成特大火灾事故。由于缺乏有效的防护防火措施，被切割下的金属熔融体和焊渣落入井筒内，造成井筒上部50 m长部分井框着火，10 h左右发现火情，并向井筒内喷射泡沫灭火剂，使燃烧54 h的副井火灾熄灭。死亡16人，烧毁副井一座，经济损失约100万元。

事故原因：对金属矿山发生火灾的危险性认识不足，没有防火计划，井口没有消防水源和灭火器材，救护设备损坏失修，安全设施不完善，安全措施不健全，整个矿井只有副井一个安全出口，造成撤离人员困难。阶段与井口信号联系困难，致使开拓阶段人员未能及时撤离而死亡；通风设施，构筑不完善，反风效果不好是这次事故的主要原因。

参 考 文 献

[1] 国家安全生产监督管理总局，国家煤矿安全监察局．煤矿安全规程［S］．北京：煤炭工业出版社，2016．

[2] 国家煤矿安全监察局．煤矿安全生产标准化基本要求及评分方法（试行）［M］．北京：煤炭工业出版社，2017．

[3] 煤炭工业职业技能鉴定指导中心．矿井泵工［M］．北京：煤炭工业出版社，2006．

图书在版编目（CIP）数据

矿井泵工：初级、中级、高级／煤炭工业职业技能
鉴定指导中心组织编写．－－修订本．－－北京：煤炭工
业出版社，2017（2018.1 重印）
煤炭行业特有工种职业技能鉴定培训教材
ISBN 978－7－5020－5798－5

Ⅰ.①矿…　Ⅱ.①煤…　Ⅲ.①矿山用泵—技术培训—
教材　Ⅳ.①TD442

中国版本图书馆 CIP 数据核字（2017）第 083683 号

矿井泵工　初级、中级、高级　修订本
（煤炭行业特有工种职业技能鉴定培训教材）

组织编写	煤炭工业职业技能鉴定指导中心
责任编辑	徐　武　成联君
责任校对	张晔辉
封面设计	王　滨

出版发行	煤炭工业出版社（北京市朝阳区芍药居 35 号　100029）
电　话	010－84657898（总编室）
	010－64018321（发行部）　010－84657880（读者服务部）
电子信箱	cciph612@126.com
网　址	www.cciph.com.cn
印　刷	北京建宏印刷有限公司
经　销	全国新华书店

开　本	787mm×1092mm$^1/_{16}$　**印张**　11　**字数**　256 千字
版　次	2017 年 5 月第 1 版　2018 年 1 月第 2 次印刷
社内编号	8661　　　　　　**定价**　25.00 元

版权所有　违者必究

本书如有缺页、倒页、脱页等质量问题,本社负责调换,电话:010－84657880
（请认准封底防伪标识,敬请查询）